方圆之间

规则式庭园设计

(德)彼特·扬克

(德)乌尔里希·添 主编

张霓 梁雯静 廖映吟 译

U0275191

华中科技大学出版社

http://www.hustp.com

中国·武汉

图书在版编目（CIP）数据

方圆之间 规则式庭园设计 /（德）扬克 ,（德）添 主编 ; 张霓 , 梁雯静 , 廖映吟 译 . – 武汉 : 华中科技大学出版社 , 2014.11

ISBN 978-7-5680-0495-4

Ⅰ .①方… Ⅱ .①扬… ②添… ③张… ④梁… ⑤廖… Ⅲ .①庭院 – 园林设计 – 设计方案 – 图集 Ⅳ .① TU986.2–64

中国版本图书馆 CIP 数据核字（2014）第 257304 号

方圆之间 规则式庭园设计　　　　　　　（德）彼特·扬克　（德）乌尔里希·添 主编

出版发行：华中科技大学出版社（中国·武汉）

地　　址：武汉市武昌珞喻路1037号（邮编：430074）

出 版 人：阮海洪

责任编辑：熊纯　　　　　　　　　　　　　　责任监印：张贵君

责任校对：岑千秀　　　　　　　　　　　　　装帧设计：筑美空间

印　　刷：中华商务联合印刷（广东）有限公司

开　　本：965 mm × 1270 mm　1/16

印　　张：21.5

字　　数：172千字

版　　次：2015年3月第1版 第1次印刷

定　　价：358.00元（USD 71.99）

投稿热线：（020）36218949　　duanyy@hustp.com

本书若有印装质量问题，请向出版社营销中心调换

全国免费服务热线：400-6679-118 竭诚为您服务

最新小型庭园设计

撰文: 乌尔里希·添（Ulrich Timm）

摄影: 尤根·贝克尔（Jürgen Becker）

费迪南德·格拉夫·卢克奈尔（Ferdinand Graf Luckner）

玛丽安娜·玛耶鲁斯（Marianne Majerus）

目录

不管是庭园小屋、游泳池还是艺术展品，大元素之间的完美融合总能在小庭园中显露出一种特别的诱惑。被列入规划之中的艺术处理和格调营造，是园林艺术的特色与精华。

规模小但有着独特塑造艺术的庭园也能成为园林艺术的典范。只要具备连贯性、细节性以及想象力等特点，在如此之小的面积里同样能够为人们呈现不可思议的庭园美景。

序言 从某种程度上来说，小型庭园算得上是园林艺术珍品了，但其建造的可能性及艺术价值常常被低估。当然，真正珠宝的价值也经常被低估。小型庭园本可以成为一颗璀璨的钻石，然而却经常被人们有意无意地估值，导致它只能展现出平淡无奇的一面。小型庭园亦是园林文化中的一颗明珠，它与住宅、住户之间存在着紧密的联系。在小型庭园中，住宅的建筑风格对整个户外空间的风格定位与建筑装饰有直接的影响，户外空间也是整个室内空间的延伸，室内的一切，几乎都能以另一种方式直接呈现在我们眼前。除此之外，小型庭园所处的位置也十分重要，它一般坐落于市中心，是市中心的绿洲地带，对市中心的空气、绿化有着极大的改善作用。

本书介绍的小型庭园，不仅能够满足人们的特殊要求，而且为庭园设计带来了一种全新的设计风格。这种风格在某些情况下是一种新的设计，但由于现在年轻人对那些有着三四十年历史的老庭园有着浓厚的兴趣，所以设计不得不赋予老庭园一种新的特征。在进行小型庭园设计之时，很多因素都必须纳入考虑范围之内，如庭园所处的地块或者邻居家种植的植物，这样才有可能建造出一个美妙的私人庭园。但是在其他一些特殊的情况下就另当别论了，比如说，屋顶花园或中小型工厂里的庭园。

小型庭园不单单指围着主屋的地方，行列式住宅后的那些又长又窄的地块和单户住宅的花园都属于小型庭园。定义小型庭园的依据是，这块小区域对其周围具有影响的地方都属于其中。一般情况下，在进行庭园设计之时，设计师们会给出不同的方案，以此来满足主人对庭园的个性化需求。如，对一个大家庭来说，需要足够的空间来放置一张可供吃喝及宴请宾客、娱乐的桌子；对于单身住户而言一切则需要更实际一点；而对建筑爱好者来说，或者需要的只是从建筑立面就能看出纯粹冷色调的材料。每一种方案都是有价值的，只有通过这些方法，才能将住宅与庭园融为一体，共同构成一幅完整的画面。不仅如此，古典的建筑元素也有可能完美地融入现代庭园设计之中，如在某些设计里，人们会用蜡烛来照亮整个充满现代气息的庭园。

在很多小型庭园里，水通常扮演一个很重要的角色。水池的造型多种多样，有细长甬道型、水井型、小型的、大型的或者水幕式的。多样化的水池设计，为庭园增添了不少乐趣。当蓝天与白云都能映照在水面上的时候，这个庭园也就成功了。如果在水池上铺一些可供散步的石板小路，那就更美妙了！而且如果这个水池附了带潜水的功能，则更让人惊喜了。

本书力邀知名园林景观设计师和公司参与编撰工作，当一本书能把废墟变成一间优雅的露天房间时，编撰者的努力及设计师的价值也就都体现出来了。本书全面地介绍了多种风格各异的小型庭园，卓越的创意与实施的可能性，使这些高品位的庭园成功诞生了，这也将使我们不再低估这些小块土地的价值，而将之视若珍宝，珍藏于心。

最新设计

设计：菲利普·凡·达蒙　　地点：比利时伊普尔　　摄影：尤根·贝克尔

完美统一 自古以来，一直存在这么一个难题，就是无论住宅还是庭园的建筑风格都要体现出高水准的质量，然而要把设计水准相当高的庭园与住宅完美地结合起来似乎不大可能。不过，设计师们一直都在竭力反驳这个观点。值得一提的是，在有些地方已经存在成功的例子了。这个成功的案例到底是什么样的呢？让我们一起来看看吧。

一个完美的设计，最重要的前提就是符合业主对设计的要求。无论业主是否与设计师一起制定整个建筑的设计规划，他们都必须决定是否同意实施这个设计规划。因为业主才是整个建筑内部装修的主人，并且他们要了解、重视与专业设计师之间的沟通与协调，只有这样，才能更容易地成就一个舒适、自在的高水准设计。

首先，必须明确庭园的设计风格。在住宅的设计中，钢和玻璃都是占据着统治地位的建筑材料。毫无疑问，不锈钢的建筑立面现在也是相当流行的，一般追求时尚的人都偏爱这种设计。为了设计出一个能让住宅与庭园协调一致的作品，庭园造型与使用材料则有必要与住宅保持一致。那么要如何在庭园的进屋的木质阳台使用镀锌的双T钢梁呢？"非常简单"，庭园设计师菲利普·凡·达蒙说，"这些镀锌的材料对于木质阳台、前面的第一级阶梯以及后面的休闲座椅来说，都是很理想的镶边材料。没有比这更好、更能防风雨的材料了！"因此，这些钢梁能够在整个视觉效果中凸现出来。特别是这种材料在进屋阳台的重复使用，更是令人印象深刻。进屋阳台中，长12米的阶梯从中间分开，其中靠近水池的一侧稍有下降，以便人们步入庭园。另外一侧则被补上格子型的栅板，这样就能够将庭园的后半部分显露出来。图中所示的区域长12米、宽3米，既可作为住宅的阳台，又可作户外空间的休闲区。在中间有一个大草坪，两边不仅留有闲坐的地方，还有一个2米宽的水池从透明的玻璃企鹅处将草坪一分为二。作为庭园轴线的优美水池，其两边由两条混凝土的边缘围合起来，产生了一个精美的镜面效应，同时也营造出了较为舒适的空间环境。虽然这样的设

由于色彩与造型协调一致，本案内部空间与外部空间的转换非常流畅自然。身处室内向外远望，展现在我们眼前的是舒适的大厅家具和后方的栗子树，以及看起来轻飘飘的，像浮在半空中的用双T钢梁镶边的木质平台。一开始你也许会觉得金属在这里像是一个异物，但很快你会发现由金属围合起来的梯级是草坪与住宅之间的完美过渡。

计很难使用割草机，不过相较于实用性来说，这个设计给我们视觉上的享受更为重要。在金属座位后面留有一个三角形的区域，能够用来种植各种各样的植物。这个三角形区域内也加入了一些版画元素，铺上了一层素色的鹅卵石，再加上几株欧洲鹅耳枥和一面小小的墙，这样看起来就更富趣味性。在色彩方面，这个区域也与整个拥有混凝土、金属灰色、深色水平面的庭园完美契合。

住宅前面也是同样的构造和材料。在入口处搭建一个10米宽的宽敞平台，同样也采用镀锌的双T钢梁围合起来。中间两条细长的绿化带把灰色的金属从中分开，这样也就去除了整个画面的棱角。这个区域对植物的要求比较低，过多的植被不仅不会产生良好的视觉效果，反而会降低整个庭园的美感。而且这里应该用大块的绿色进行填充，而不是种上鲜艳的花朵。内部的色彩设计也应该尽量克制用多余的颜色，基于绿色即可。在这里展示出了最高水准的建筑美学。

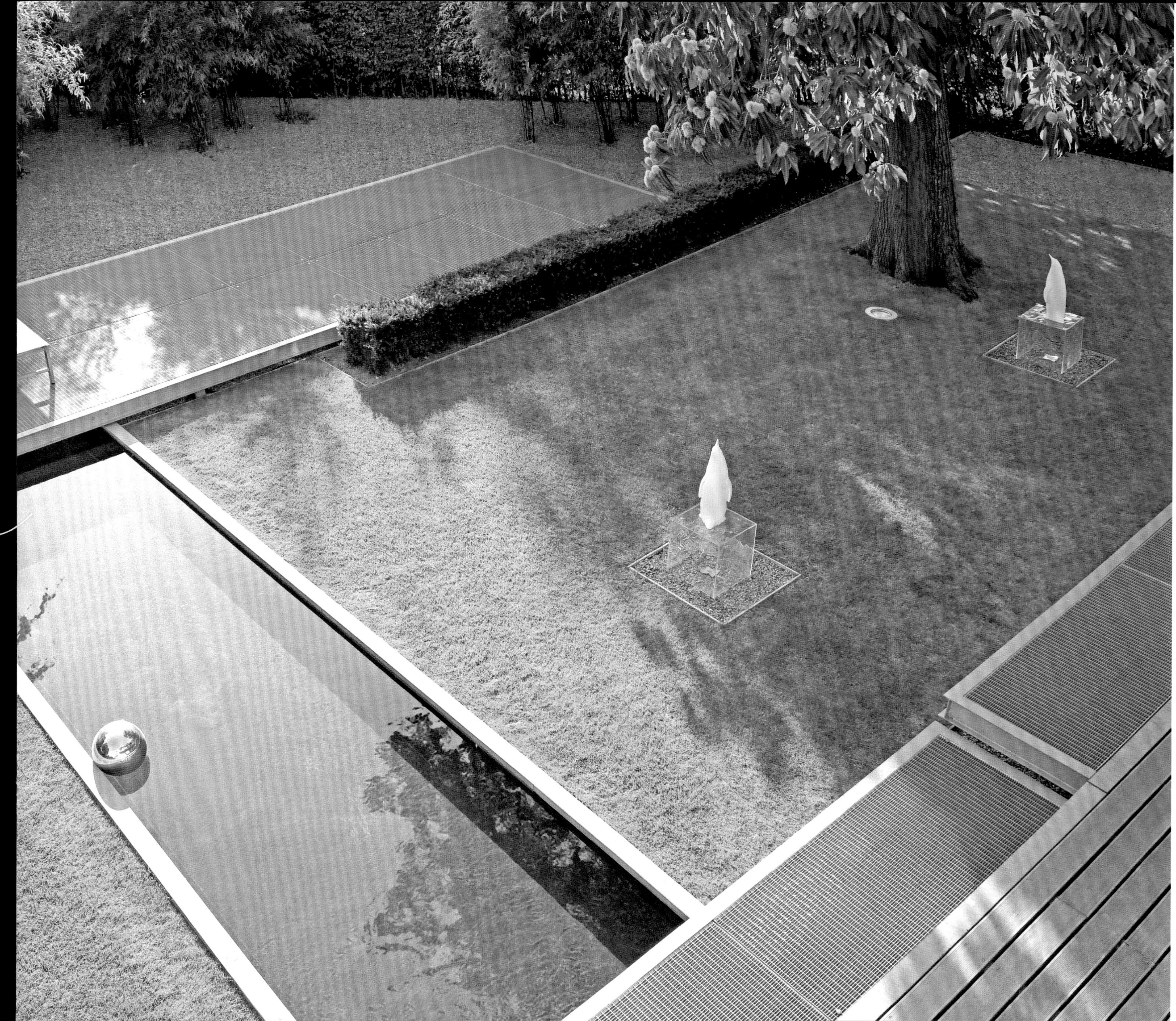

极具建筑美学的灰色与紫杉木的绿色的完美搭配，使这个
小花圃更为独特。入口处耸立着的两棵胡桃树，好一幅引
领时尚的派头。

精制加工

设计：露西·索莫斯　　**地点：**英国伦敦　　**摄影：**玛丽安娜·玛耶鲁斯

挣脱束缚　"Running man"的雕像"Cut and run"会说："快跑"或者"我正在快速逃离"，如今我们处在这个庭园里就会想起这个雕像。庭园的变化是无法想象的，众所周知，倘若住宅或庭园的主人对住宅周围的绿化没有兴趣，那么庭园则会经常处于被忽略的状态。没钱进行修缮，杂草丛生，篱笆裂开，阳台不完整，整个庭园毫无用处。这里的一切，连同房屋立面，都是灰沉沉的一片。

当一个单身人士或者一个朋友圈子很大的商人买下这块地产，这种被忽略的状态也许能够立即得到改变。首先，直接让业主先把房子给全部弄乱，因为他对房子的装修要求跟前任主人是完全不同的。同时他还为整个庭园设计提出了一个设计方向，他对设计师露西·索莫斯提出了几项要求：住宅必须明亮宜人，而且要与邻居糟糕的庭园环境拉开距离，另外还要有一个停放自行车的位置。

从这个庭园里延展出来的一切，绝对会是惊人的成功。按照设计师露西·索莫斯的设计理念来说，通过高度和深度的延伸能使庭园更具吸引力，并能使观者享受一场视觉上的盛宴。正面的墙和底座、宽敞的平台、大而宽的阶梯不仅构成了一幅能够完全使人震撼的庭园美景图，还能够让人成为这里的主角。在这一切成为可能之前，必须先给两颗槭树修剪一下枝叶。这两棵树分支非常多，遮住了整个庭园使阳光无法投射进来，也导致庭园内几乎没有什么植物存在。现在修剪后两棵树看起来十分清爽，而且树冠开始向庭园上方且不会妨碍到庭园设计的地方生长。

对于休闲区的设计，这个方案的奇特之处便在于休闲区没有被布置在住宅的前面，而是位于住宅的一边被略微抬高了的地方。因此就出现了这么一个只有3米宽，且很紧致的区域，人们看到它不会认为这是庭园中一隅，反倒会觉得这是一个十分优雅的大厅。木质地板、壁橱、有着厚实靠垫的家具绝对不会让你舒适自在的愿望落空。住宅周围围着一圈明亮的侏罗纪石灰岩做成的宽板式带，同时让庭园的中间部分，也就

庭园里露天平台中,不仅有小而紧致的休闲区,底座层次分明的花圃,更种植有美丽的异颖草和金黄色的向日葵。

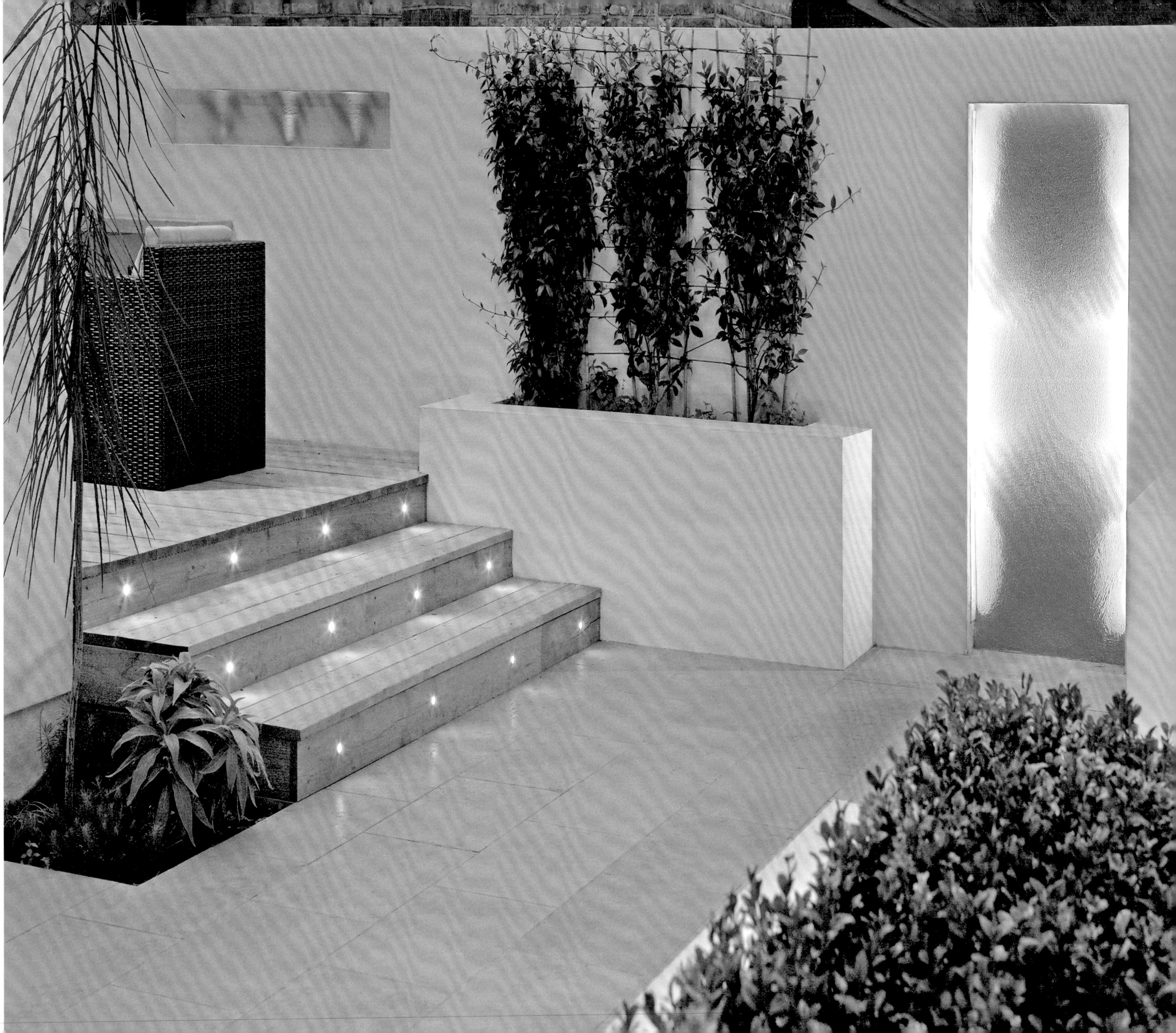

灯光并非要总是白色的不可，要达到绚丽的视觉效果，则可以采用多种光谱颜色的LED灯，另外卤素灯泡也能让植物呈现最美的一面。

是草坪部分下沉至比板式带和前庭更低的第三层。这种想法虽然极具创造性，但是造价却较为昂贵，因为为了获得更好的效果，每块地面都必须运走。草坪四周高低错落的花圃、砖块和长凳无论从哪个角度看都极具活泼美与参差感。从整体色调上来看，庭园里的砖和墙大多都使用了白色调，和谐而雅致。值得一提的是在距离庭园后方边界2米的地方，建有一面3米高的墙，而且墙上被刷上了鲜艳的紫罗兰色，不仅为庭园中带有异域风情的植物，如棕榈树和花序特别长的篮蓟营造了一个极具吸引力的背景，也使枝叶纤细的竹子如同一幅风景画般优美动人，更使庭园开阔而极具层次感。其实设计师打造这面墙的初衷并非如此，而是想让自行车有一个停放的地方。

不只有这些和谐、对称以及有趣的植物，完美的灯光构造也是这个天才设计的一部分。灯光直接或间接地投射于墙壁、壁橱、植物和阶梯等所有可能利用的事物上，氤氲光影，浪漫至极，让人不得不为之折服。美味佳肴过后，静待夜幕降临，便可轻松享受这份靠近心灵的惬意。

最值得展示的设计

设计：斯汀·费尔哈勒　　**地点：**比利时雷塞莱德　　**摄影：**尤根·贝克尔

任务成功　当一个庭园设计公司的老板想要给自己建一个庭园时，那么他就得把他的愿望与庭园紧密结合起来。业主希望这个庭园既能成为他与家人的私有领地，又能成为一个经典之作以作为其公司名片。而与向潜在的客户展示这个庭园相比较，更有用、更具影响力的是当人们想要找一个合作伙伴来为庭园的建设出谋划策时，这块小地方能提供巨大可能，使之更具吸引力。

业主与其设计团队想要在这里展示出更多的可能性。为了保持庭园的吸引力，融入更多的素材与理念，业主为自己的庭园选择并实施了这一种建筑风格。设计师斯汀·费尔哈勒以其清晰的设计思维、直接的设计语言为本案空间增色不少。这个随时可以使用且有多种发展可能性的庭园空间，一边是现代时尚的住宅，一边是以一种乡村仓库的形式建立起来的游泳池房子。这种庭园的对半设计在很多优秀的庭园设计案例中都非常受欢迎。设计师针对人们的居住特点将住宅周边打造成极具吸引力的区域，在这里可以和家人、朋友享受美味佳肴，也可以和潜在的业主交流彼此的想法与意见。晴朗的夏日，可以在这里摆上一张午餐桌；傍晚时分，打开聚光灯，这里也可以别有情调。

本案设计既简单又成功，两条简单的轴线就确定了整个庭园的布局。其中，最重要的一条是水的轴线，这条轴线始于庭园8米之外的一块还未加工过的比利时立方石头，水源则隐藏于这块朴素的石头之内，水源先溢满整个细长的沟槽，再缓慢地流向整个水轴线，直至暖房前的推拉门处。由于水槽的水流速度非常小，所以很容易就形成了一个十分清晰的镜面反射，初看似乎是一个固定不动的水体。再加上水的深度也只有几厘米，也会强化这种视觉效果。随着视线的推移，便到了泳池房旁边的休闲宴请区，闲暇之时，欢聚于此，好不惬意！

另外一条轴线则是通过抬高的花坛构成的。这条轴线被水渠轴线分割成长度不等的两部分，并种上了

鲜明的对照：梯级平台附近的缟玛瑙优质钢板，
作为水流源头且未经雕琢的石头及圆球形的黄杨
树丛完善了整个庭园设计。

4棵粗壮的冬青栎和黑麦冬。这条轴线的特别之处是材料的选择，木头支撑起来的花坛以一种高亮度的缟玛瑙优质钢板作为砌面，看起来富丽堂皇，并与具有大自然特色的植物形成鲜明的对照。在这条轴线后面，庭园与住宅之间有了一个鲜明的界限——一个布置了一张桌子和舒适沙发的梯级平台。就这点来说，梯级平台区也将会为住宅遮挡去些许光亮，而且在这条花坛轴线和这块天然的立方石头衬托下，这里将变成一个十分有趣的私人空间。

如果没有空间种植这些完美的黄杨矮树丛，那么比利时也没有如此美丽的庭园了。它们是比利时的，也是庭园中最出色的构成部分。以往狼尾草只会被舞台演员用在背景上，而在这里，轻盈的狼尾草花序的运用则突出强调了黄杨树圆球造型的美感。

夏天的房子

设计： Gartenplus公司　　**地点：** 德国梅尔布施　　摄影：费迪南德·格拉夫·卢克奈尔

尝试新颜色与新造型的勇气　当住宅与庭园有了一些年头，而且主人也厌倦了原本的面貌，那么也就是时候该尝试做一些改变了。新的尝试不仅有利于整个庭园的打造，它也是一种新旧的更迭，更需要有被实施的勇气。足足50年的老房子对于年轻大家庭来说已经太小了，不仅仅要把它改成新的式样，还要把它扩大。建筑师古明允（Kok Meng Yuen）选择了一种合乎时代的扩建方式，不仅扩建出一个很大的休闲区域，而且在第一层还设置了一个色调鲜艳的眺望台。

Gartenplus公司为重新布局这个200平方米的庭园聘请了一个庭园建筑师团队。这个1米深的庭园看起来略微荒凉，这片荒凉草地上唯一可以抬高的是以前的一个储藏室。也许一开始只是想将这里打造成一个具有纪念意义的避暑之地，但是随着时间的推移这里就没法再使用了。

在进行本案设计之时，一开始就十分明确的是庭园的后面要有良好的采光，因为阳光不能直射到房子前面，所以在进入庭园的路上，要建一个小小的过渡通道。于是，整个庭园的设计重点都集中在这里了。在拆除之前的设施之后，设计师建议在两个梯级上打造一个宽敞的露天区域，它同时具备起居室和餐厅的功能，同时还可以修建一个长方形的水池。毕竟水在庭园中的地位是非常重要的，它不仅能使整个庭园生机勃勃，也能得到人们的青睐。这样一来，整个庭园就有了一个全新的面貌，处处皆是新意。这样，从住宅到草坪再到露天区域，不管是与草坪同一个层次的"餐厅"里的餐桌，还是被台高了三个梯级的"起居室"都是极为成功的。虽然从住宅的角度看去宽敞的木质平台稍微偏向一边，但在这里它将作为整个家庭生活的中心点。各种各样的竹子，如茶秆竹、罗汉竹，被选来构建这个自由空间的框架和护罩，这些竹子常年翠绿的叶子，让整个空间都充满舒适的气氛。要想将视线集中在自己的庭园上，用餐区域的建造是必不可少的。6米×4米的用餐区域提供了如宽敞住房般的舒适度和安全性，不仅可作为夏天惬意的就餐区，也可以用来举办生日宴会或招待亲朋好友。层次丰富、色彩鲜艳的时尚建筑中的轴线水池让这片露天的空地散发

所有的庭园里都会设置可供休息的区域。在这个庭园里，座椅可以安排在翠绿的竹子前面，也可以放置在庭园露天房间之中。

特别的吸引力。在被抬高了三梯级的"庭园起居室"里，覆盖着一层黑色玄武岩碎石砾的地面上如大厅般地布置着数张座椅。人们可以从两个方向来到这个区域，一个是宽敞的草坪，另一个则是"餐厅"。一个庭园里不同的高度和层次不仅能营造出很好的效果，同时还能让庭园看起来更有活力，使整个庭园变得活跃起来。

处于两个区域中的3米×2.5米大水池，周围围着一层优质钢板，它不仅与整个扩建的颜色相适应，并且连接了两边的"房间"。水池表面的反射犹如梦幻般美妙，同样重要的是这里也足以让人精神为之一振。这个水池虽说可以用来游泳，但却仅有60厘米深，如要用来振奋精神，让庭园里的每一天都变得越来越美好，肯定也是足够了的。

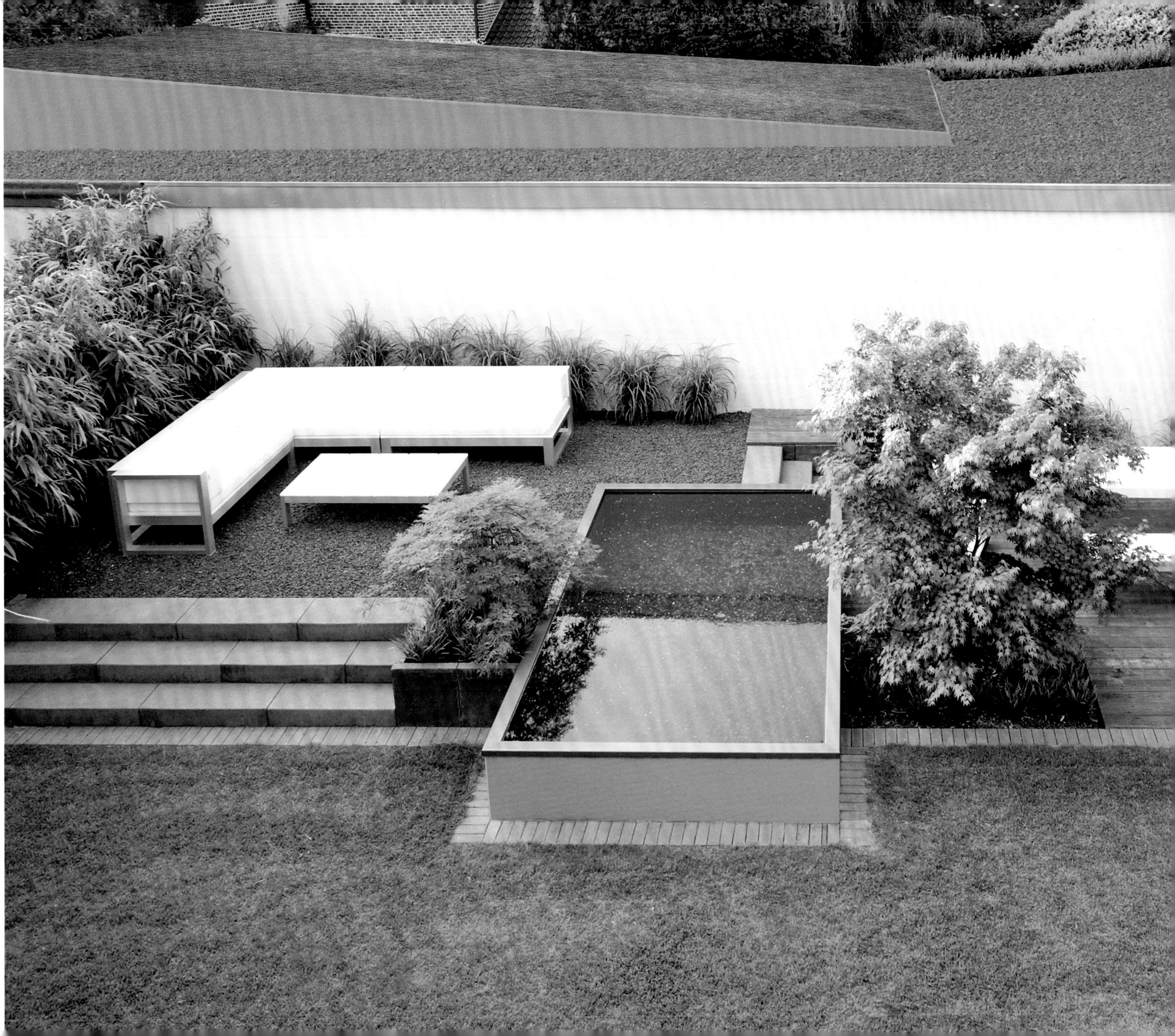

于草坪之中眺望整个庭园起居室，优美的景色尽收眼底。水池的颜色与整个区域十分协调。

反差对照的设计

设计: 布鲁卡尔特·史蒂芬　　**地点:** 比利时鲁瑟拉勒　　**摄影:** 尤根·贝克尔

庭园文化中的"越位"　　大多数庭园都得益于他们的邻居和四周的树木，甚至还可能是远处的风景或建筑。图中这片区域，除了有一大排白杨树之外什么都没有。不过它还有另外一个特别之处，就是这块地皮处于一片工业不动产之间，周围都是仓库、集装箱、拖车头。可以说，作为这片工业区的绿洲，此区域则成了业主的私人休闲圣地。如果工作单位在附近，并且大型卡车也可以停在公园广场前面话，那么在这里居住将会极为便利。

这座单独的房子对周围环境来说是个特殊的存在，它浑身散发出一股美国的自由气息，仿佛就坐落在佛罗里达的阳光海岸。房屋的立面、栏杆、入口通道、五层梯级、围着这整块地的篱笆，上至房顶下至地面一切都是木质的。身处此处仿佛置身于另外一个世界，日常生活的一切琐事被抛诸脑后。住宅与庭园对照鲜明，四周均用篱笆清晰地界定出来了，对于三口之家来说，这个庭园作为住宅的室外延伸部分，可以用于宴请亲朋好友。为了让庭园与住宅更好地融为一体，业主特意建造了一间透明的暖房。对整个庭园的设计，业主明确地提出了自己的希望：庭园中必须要有十分吸引人风景，水体的设计也必须极具层次感，整个庭园无论如何看起来都要朴素简单并且易于维护。然而这一切具有可行性吗？

设计师布鲁卡尔特•史蒂芬接下了这个棘手的任务。他在这栋白色的大房子前面异常兴奋，不断地寻找一种可以使整个住宅看起来让人更加印象深刻的方法。设计师采用了带有古典的色彩层次，在大小高低不同的区域中，都设计有小砖墙和灌木丛。虽然在暖房外面已经有一个游泳池，水这个主题在庭园中已经存在了，但是设计师仍然在这里增加了一个引人注目的对称水平面，它由4个独立的水池构成，有横向的，也有竖向的。水池与平台间的高度差将近1米，水缓缓而下，水流之声柔和而舒适，更能将人们的注意力由工厂的噪音转移到这上面来。

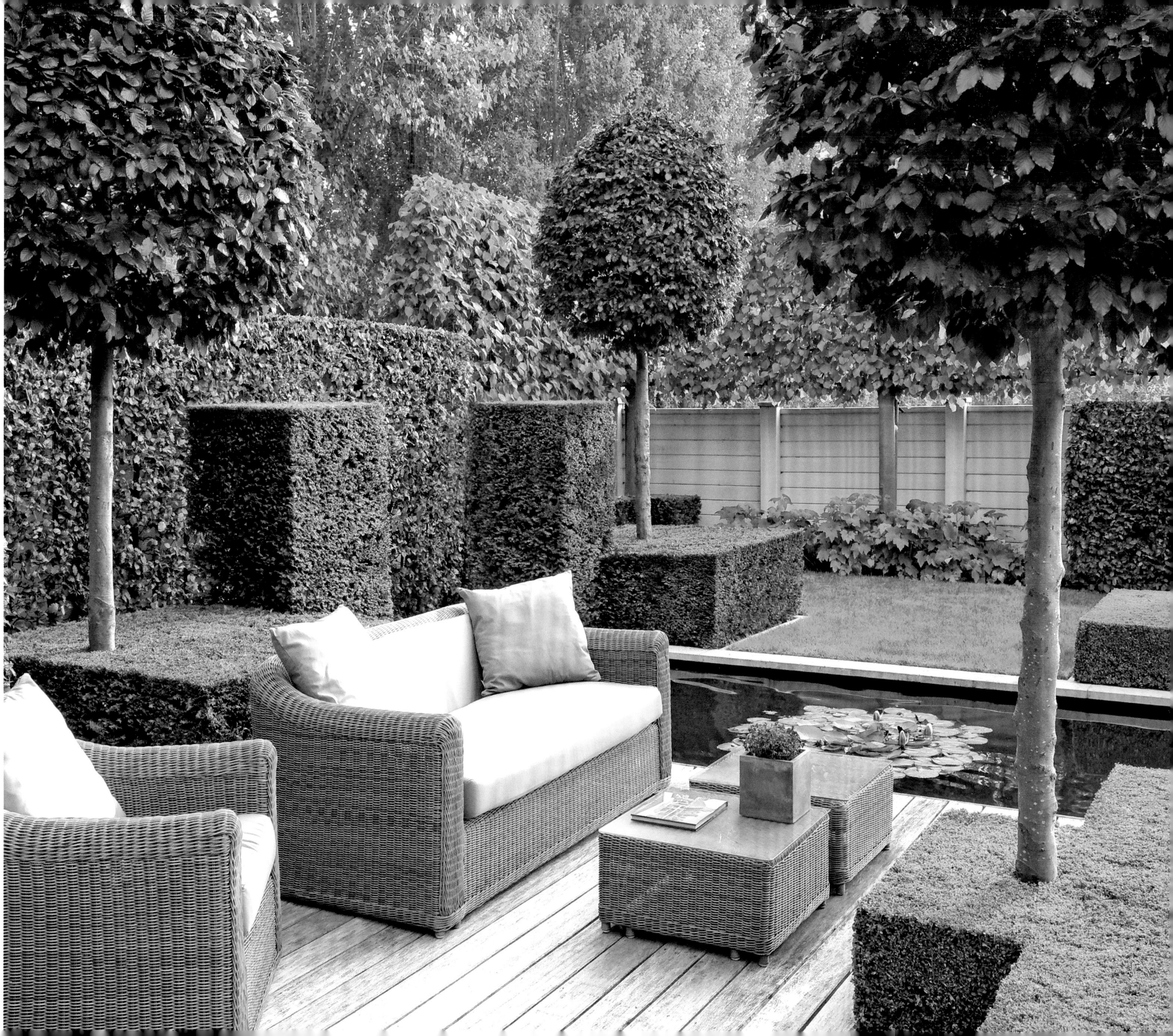

高度差中体现出来的庭园文化：舒适的坐台处于极具层次
感的绿色植物之中，如黄杨树、紫杉树、圆球状的树冠和
草坪。

　　向上延伸的地形让庭园显得特别迷人，也使庭园看起来具有一定的深度（这种设计同样适用于所有这种地形走向的庭园）。在庭园里重复使用的炼砖、黄杨灌木丛和紫杉木，在水池周围也有体现。水池的设计从某些角度来看，像是一个套着一个的样子，因为水流从远处看并不是直着流下去的。因此一个挖空心思想出来的路线系统就出来了，它花样繁多地变换道路的方向，一会儿是与水池平行的小路，一会儿又变成水池上方的踏板小路，要是沿着水流走，也许就会撞上最上方水池旁边用来宴请的木屑平台。从这块抬高了的坐台向外看去，独特的多层花园、带有暖房比例匀称的房子尽收眼底。

　　在灌木丛、松软植物等绿色植物中，设计师当然不会忘记那些高大的植物。6棵高大的欧洲山毛榉强调出了庭园的对称性，用他们鸡蛋形的树冠与外界区隔开来。尽管它们并不是常绿乔木，却仍旧美丽迷人。白天的庭园如此美妙，而在黄昏时分，灯光自动打开，暖暖的灯光柔和地落在绿色植物上，庭园更引人入胜。

舒适安逸的住宅和庭园：暖房、游泳池、梦幻般的
对称水池设计，以及观赏美景的豪华坐台。

流行颜色

设计： 萨拉·简·洛特维尔　　**地点：** 英国特维克汉姆　　**摄影：** 玛丽安娜·玛耶鲁斯

丁香花色 这棵树，确切地说是一个大灌木丛，为这个庭园打上了这样一个标签：用丁香花作为后台的装饰背景。它是这块地上唯一的植被，因为它长得娇小可爱，造型优美的花枝上开着小巧的花冠，所以它能够马上吸引人们的目光，在庭园中种上这样的灌木丛，是最好选择。

经济独立的年轻夫妇要求都很高，他们想在庭园里尽兴地和朋友欢聚、烧烤，还希望能花尽量少的时间来打理庭园。同时也要求设计一个放置工具器械、靠背软垫的简易小仓库。

要为年轻人设计一个简单的庭园，设计师觉得设计的空间还是很自由的。丁香树可以作为庭园里的重点，可是该如何设计，才能有最好的视觉效果呢？一方面，设计师为这个建筑选择了一种比较清晰明朗的风格；另一方面则是建了一面比较高的后墙。只要一个小小的创意就能让这面墙变成一个吸引人的背景。设计师先给这面2.5米高的墙抹上一层灰泥，接着再为这面墙涂上一层由薰衣草色和丁香花色混合起来的灰紫色涂料，这样看起来不仅很完美，而且为整棵树甚至是整个庭园增加了一个美妙的背景。其余的墙都用柔和的白色粉刷，用纯白色粉刷的话看起来太亮并且容易弄脏。为了和右边的邻居隔开，彼此都有一些隐私保障，设计师用纤细的藤架将墙面略微抬高，并用狭长巴劳树木板水平放置并用螺丝拧紧，让人们看起来优雅而宽敞。同样的设计在庭园左后边也有运用，用来装饰着后墙前面的简易小仓库。

主导整个庭园设计的是草坪上的踏板小路，它从住宅外的平台一直延伸到种植丁香树的大坐台，路的两边有3条长凳，长凳底座是柔和的白色，上面覆盖着巴劳硬木板。这些长凳的设计不仅会吸引人的目光，更共同形成一个美丽的庭园空间。无论身处何处，都能从各个角度感受庭园的温馨，欣赏夕阳之美。小路上的踏板和坐台均由约克石建成，这种砂石上面有精致的大理石花纹，有利于轻松的庭园气氛的营造。

丁香色、粉红色、白色，和谐地融于一体。约克石做成的坐台和踏板，巴劳木做成的藤架、长凳上的木板以及平台地板，坚实的石材与温润的木质完美的搭配着。

庭园中最美的地方是住宅外的露天平台，它比整个庭园都要低一级，在这里布置了很多舒适的现代家具，并由一块小墙面把它和庭园分隔开。地面铺着一层巴劳硬木板，周围围着一圈苏格兰鹅卵石，底下隐藏着电线。

新增植物的色彩是住宅室内色彩的延伸，有紫罗兰色、洋红色和白色，它们也是庭园后墙的颜色。点睛之笔当属庭园左边的植物：带有娇小的、紫罗兰色花序的高高的马鞭草，雅致的带状新西兰麻，白色的山桃草，铜红色的珊瑚钟、秋牡丹。而用于搭配丁香树的，则是另外两个如钻石般闪亮的小灌木丛——拉马克唐棣和樱花。

完美均衡：整个庭园都可以用来闲坐、聊天、庆祝，无论是平台、坐台、长凳、丁香树下抑或是草坪。

黑夜之美

设计： 夏洛特·罗韦　　**地点：** 英国伦敦　　**摄影：** 玛丽安娜·玛耶鲁斯

时尚的热情　对于一位时装设计师来说，对其行列式住宅进行翻新修葺一直以来都是很有必要的。可是由于工作繁忙，这个计划不得不推后。直到她再也无法承受不断变化着的时尚带来的压力之后，她终于挤出时间来完成这一切，而经过这次住宅的装修，她也获得了新的居住心得。为了更好地享受这个经济适用且与庭园同宽的空间，她在装修豪华的住宅外也增加了一些新的东西。尽管住宅外的空地只有13米×5米，但对于只要求在庭园里建一个可以欣赏美景的坐台来说，这已经足够宽敞了。因为工作的原因，这位时装设计师没有过多的时间打理庭园，所以庭园必须易于照管。

室内设计的主体色调已经预先确定了，而庭园的色彩设计应该是室内的延伸，因此，庭园的色彩运用也实现了从黑色到深灰色，再从玄武岩灰色到深褐色的演变。狭长的室内空间看起来十分惊人，那么为什么人们就不能再将住宅向外延伸呢？假若平台的门可以叠起来并且与房子同宽的话，效果则更不可思议。设计师用深色的、涂有一层透明颜料的栎木板铺设平台的地板。通常来说，木板最好横着铺，这样能让房子看起来更大。不过庭园设计师觉得这种铺法没必要，她把木板竖着放，而且木板与木板之间留有缝隙，以便水的渗透。这个设计的特别之处在于，从里至外木板之间并没有梯级的变化。梯级只出现在平台4米之外的地方，并在那里也安装了LED灯。即便是面对暴雨暴雪，这个改造也可以说是十分成功的。按照德国工业标准（DIN）的规定，梯级是必不可少的，不过对于喜欢冒险的时装设计师来说，可以采用这样一种设计——在平台下面加一条石灰岩带，以便让梯级显现出来，随后再加一条黑色的木板带作为视觉上的延伸。小小创意魔法般的成就了一个如此美轮美奂的梯级设计。

如果主人对于打理庭园没多大兴趣或者没有过多的时间，就应该放弃设计一个草坪绿地毯。在庭园中，如果没有草坪同样也可以有其他令人惊艳的设计，比如可以将平坦的黑色鹅卵石分散铺开成一个平面以作为草坪的替代物，这种材料与整个室内设计的主色调也相吻合。石灰岩的平板小路灵活地围绕在鹅卵

黑色与灰色的成功组合，很自然地为变化多样的绿色与紫

色马鞭草构造出一个突出的背景。

石周围，让人感觉即便是高高的隐私墙已经很明确地标出了界限，这条路似乎还在向右延伸直至邻居的后院，也拓宽了庭园宽度，使庭园看起来更美妙。

　　植物的选择也与庭园色彩的设计相符合。紫竹、底部种着黑麦冬的橄榄树、"黑夜女王"郁金香等，这些黑灰色或者紫罗兰色的植物都很受欢迎。庭园的夜晚也极为撩人，卓越的灯光系统为深色调的庭园增加了些许惊艳的色彩。

辽阔天地

设计：麦克·德雷斯　　地点：德国汉堡　　摄影：费迪南德·格拉夫·卢克奈尔

多加鉴别　与其他的庭园相比屋顶花园则较为另类，无论是周围的环境、外观、使用功能，还是植物、气候及其打理方式都与地上庭园大相径庭。屋顶花园大多极富艺术性与创造性，故其造价也较为高昂，而且所有材料器具都必须用升降机或者起重车运到几层楼高的房顶，并在上面进行加工。建造一个屋顶花园时，不仅要从宏观上进行规划，更要着眼于细微之处。值得注意的是必须事先确认屋顶的平台没有裂缝，这样水才不会渗透到下面的楼层，另外还必须清楚房顶的最大承载重量是多少。

本案的设计初衷是，让它看起来比实际更大一些。经过设计师的深思熟虑及其匠心巧手，这里终于展现出一幅生机勃勃的景象。这里设计之巧、物种之多足以让人惊讶，也予人无尽的欣喜之情，特别是庭园中植物和石材的运用。因其有足够大的空间，这个处于五楼的庭园各个角落都被营造出了不同的空间氛围，在每个时间段均可使用。绿色的植物如同一个大大的U形围绕在桑拿房周围，桑拿房的墙在地面上投下了一块阴影，在选择植物的时候这部分也应该考虑进去。设计师在汉堡的气象服务站里了解到了这个地区的太阳高度并摘取了对庭园规划有用的数据，这对阴影地区和光照地区的植物选择有很大的帮助。

屋顶花园处于居室之外，放眼望去满眼皆是美妙的山茱萸。夏末时分，舒适地闲坐于早餐椅上，欣赏着玫瑰色的花朵缓缓飘落，好不惬意！对于园中小径的设计，设计师也颇尽心思，首先在居室的前面设计了一块木质平台，然后以一块块石砖铺设于蜿蜒小道之中，这样就形成了一条引人入胜的休闲之路。经过一个制作别致的棚架，小路右边便是一张迎朋纳客的休闲桌。在这儿，人们会深深地沉醉于屋顶花园的美景之中。黄色巴劳木做成的木质平台是庭园中占地面积最大的地方，因此也是极受青睐的亲友欢聚之地。与桑拿房毗邻的后墙覆盖着柔软的刚竹叶子，地面的根茎部分由一个钢槽圈起来。而一旁种植有圆圆的小花畦的砖石小径则慢慢延伸到了庭园的西边，直达卧室区。

雅静闲适的坐台为观赏者提供了最好的观赏角度。蜿蜒的小路增加了整个庭园的宽度。柔软的小香蒲和坚实的石灰岩，都是如此动人。

屋顶的小型气候使得每一个花畦只能种上专属的植物类型。虽然这样花费比较多,可是成果颇丰,因为在这里能种植那些在大庭园里没机会种植、会被大型植物覆盖住的植物。小型植物,甚至冰川上磨圆了的小石头都可以在这里大放异彩。为了给植物提供生长必须的水分,庭园里装置了一个自动灌溉系统。另外,设计师在略微陡峭的小路上铺设有加热带,以防土地冻结凝块。这个尽善尽美的屋顶花园,其非凡的魅力必将经久不衰。

雅致的庭园西边交替种植着的棉毛水苏和仙女木,以其婀娜多姿的身姿巍然地挺立着,柔美中略带刚毅。

空间奇迹

设计：卡莱尔·梅　　**地点：**英国伦敦　　**摄影：**玛丽安娜·玛耶鲁斯

光照与空气　高高的砖墙、木质隔板、混凝土平台以及晾衣架下的草坪，共同组成了本案住宅的后院。在设计师看来，这个后院迫切地需要进行改造。在这个12米×4.5米的矩形庭园里，很多空间实际上都没得到使用。这个四口之家，对设计师的要求极为简单，就是希望后院能够得到充分的利用。当然，这个新潮时尚的后院也应该要与室内设计相协调。由于主人并不希望花过多的时间照管庭园，所以这个庭园没有必要过于艺术化。设计之初，设计师提出了很多新奇的创意，但大多都未能实现，如种满了观赏草和阿尔泰葱的花坛，最先被规划成一个水池。在砖墙前面本来打算种一排芬芳的络石花，可是这面墙着实太宽，所以取而代之的是四个高高的种着带状新西兰麻的人造纤维玻璃花瓶（看起来倒像是砂石做的）。

　　尽管这里面积并不大，但只要设计一个视觉上的分隔——屏风，就能够让它看起来具有更大的面积。与将后院归入房子里的方法一样，也可以将这两个相邻的区域彼此分开。同样的，在住宅前建一个宽敞舒适的木质平台，且用硬木板进行纵向铺设，以便庭园看起来更为深邃，与其他大多数庭园不同的是木板都是纵向铺设的，这样庭园看起来就更宽敞了。种着优雅的新西兰麻的四个花瓶被置于同一木质的小平台上，餐桌则被设置在庭园的后半部分。这样，在充满木色暖调、带有坚实砖墙的前半部分庭园中，人们得以安静自由地在这里轻松地度过一天。后半部分的用餐区则通过一个花坛以及12根垂直的木头柱子实现了视觉上的分隔，并在木头柱子前面的花坛里种满了高高耸立着的观赏草。最特别的是在傍晚时分，当26盏灯都打开时，12根涂有深蓝色透明漆料的柱子让整个园子看起来美轮美奂。为了能突显出这个深深的后院的高度，那么能从居室里面看见后院的柱子这一点就非常重要，柱子在这里的作用与人造纤维玻璃花瓶类似，都是作为雕塑品而存在的。原打算建一个能倒映蓝天白云的水池，但这些2.5米高的柱子已经能够高高地指向天空，水池也就没必要了。

　　庭园内，木质平台与建在黑色石灰岩上的用餐区之间是没有台阶的，两者自然过渡，以木质平台的温润

木头柱子如同一道透明的屏障，将庭园两边分隔开来。八块耐候钢板完美地覆盖了邻居影响美观的墙面。

与黑色石灰岩的简洁共同营造出极为独特的空间氛围。用餐区的墙面设计也极富特色，左侧的高墙上覆盖着一层耐候钢板，彰显出墙体的美与简洁。而一直延伸至庭园尽头的一小面金黄色矮墙，巧妙地作为被抬高了的花坛，并种上了四季常青的毛竹，构思可谓极其新颖。

尽管庭园空间有限，但对植物的局限却很小。在这里不仅可以种植毛竹（毛竹在当地的气候条件下不适宜生长于室外，但适合在温室里），还可以种植绣球花、紫色风信子、蓝百合、薰衣草等，这些植物在这里生长繁茂，共同为庭园增添了一道亮丽的风景。

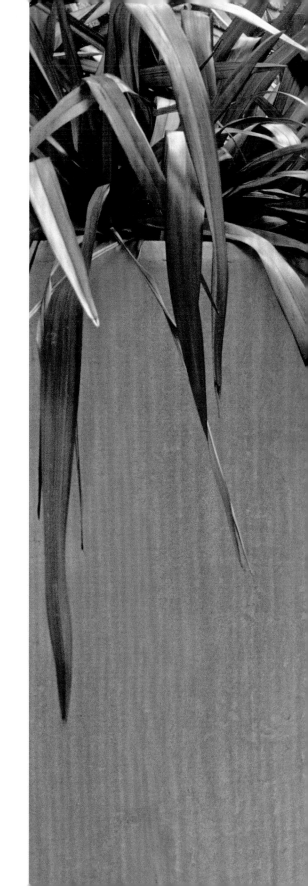

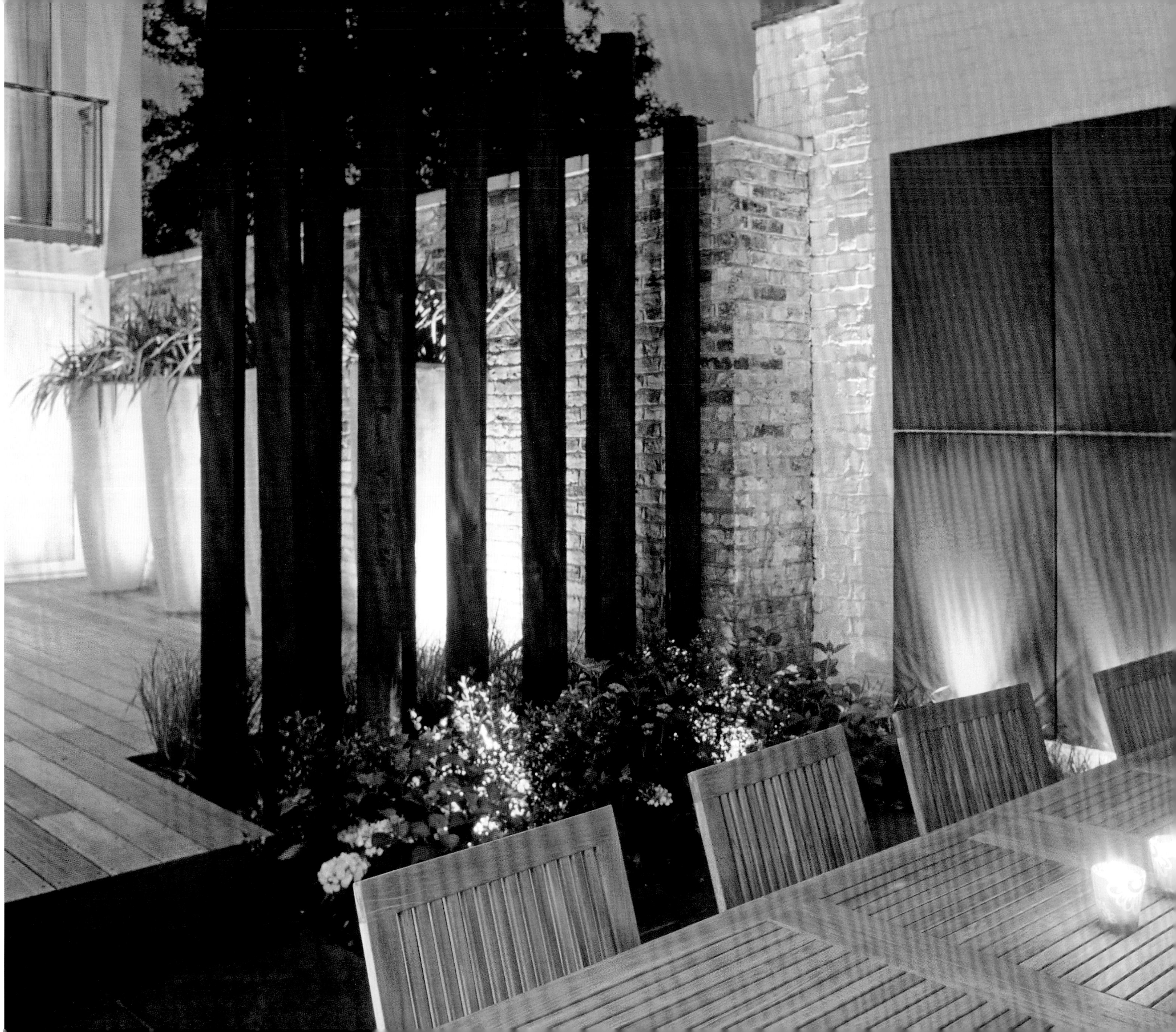

灯光在这个50平方米的大庭园里充当一个非常重要的角色，它让这片以墙体作为空间区隔的区域变得浪漫迷人，也使庭园与整个住宅融为一体。

自由的舞台

设计：约·威廉斯、杨·凡·奥普斯达尔　　　**地点：**荷兰马斯特里赫特　　　**摄影：**费迪南德·格拉夫·卢克奈尔

从随意搁置的休闲坐椅，到将草坪和黄杨树篱分割开的水池轴线，庭院内到处都呈现着一派令人惊叹的景色。

满怀热情 当两个歌剧演员想要对他们的庭园进行装饰设计时，他们必须增加一些特别的元素，让人一看到就联想到舞台及舞台艺术，以呼应其日常工作和生活之中的真实舞台。戏剧演员导师约·威廉斯、芭蕾舞动作设计师杨·凡·奥普斯达尔，他们在表演艺术里认识了彼此，并想将表演艺术移植到大自然中。庭园位于混凝土制成的立方式新住宅的玻璃立面后，这两位艺术家在设计整个庭园的时候，十分明确这个庭园应该有着充满热情、令人愉悦的气氛。他们想充分利用这个庭园的深度，为庭园增添一些让人眼前一亮的元素。住宅本身是一个两层楼高的开敞空间，初看一眼人们也许会误以为这是个工厂建筑而不是一个舒适的住宅。这两位表演艺术家在这个只有窄小房间和种着五彩斑斓的植物的小建筑里已经生活了好几年，现在他们想要来个彻底的改变：以用尽量少的颜色让住宅和庭园有辽阔的视野和优美的景色。

庭园主色调为绿色，无论是四周的黄杨树篱、中间的紫杉灌木丛，还是作为轴线贯穿全园的水池，目光所及之处皆为深浅不一的绿。水池轴线从离房子不远的地方开始，除中间被一块草坪切断外，一直延伸至

由郁金香和银莲花构成的春之花带,优雅地盘旋
于黄杨树与一片翠绿之中。

庭园底部。切断水池的草坪上方设计有一个镀锡的四角钢筋结构，并将整个庭园分隔成两部分，一部分是房子外面种植着两棵高高的日本泡桐的一大片草坪，另一部分则是由灌木丛、小砖墙、四棵苹果树组成的正方形区域。

为什么要把庭园设计得如此笔直？为什么种植的植物类型这么少？庭园的两位主人经常遇到有人问这两个问题，可是他们一点都不想回答。他们只是尽可能地去实现自己的创意，不管这一切是否符合常规的审美标准。就如同画一幅画一样，画家不想要向别人解释他画的一切。观赏者只需要在这个舞台里享受庭园之美就好，但是对于这两个庭园设计师来说就不同了。他们对每个地方都会有不同的看法，而基于这些看法设计出来的东西也完完全全不一样。他们每一天都会在他们的庭园里看到一些不同的东西，植物的不断成长、太阳高度的不断变化不仅影响庭园中的景色，更为庭园带来了不同的光影效果。在长期干旱或者阴冷的天气里，下一场雨又会让一切变得更清新，所以人们永远不会知道明天会发生什么，庭园设计也就仿佛像是一次冒险之旅，刺激而愉悦。可是值得肯定的一点就是，一切都不会无聊。

植物造型的多样化让整个庭园变得极富趣味性，如比例匀称、被水池从中分开的深绿色紫杉灌木丛，似乎为整个庭园带来了和谐安逸的气氛，而处在一边的是黄杨树篱中，则耸立着几棵高大的紫杉木和一条花带，花带上似乎漂浮着郁金香和银莲花，灵动而精致。和煦的春天里，这些白色的花在庭园中尤为重要，弯来绕去的植物造型打破了去除了庭园轴线所带来的呆板之感，从而使整个庭园看起来更迷人、更具吸引力。

值得一提的是，设计师不仅为这个舞台庭园设计有精美的布景，而且也为这个大舞台选定了几个主角。那就是三只白孔雀，但它们十分热闹，并且也还不清楚这两位主人及其邻居能否忍受得了这个噪音。不过或许在这里主角也会是三只白鸽或七只白母鸡……

幸福家庭

设计：夏洛特·罗韦　　地点：英国伦敦　　摄影：玛丽安娜·玛耶鲁斯

精美细节　初一看，这个庭园并没有什么引人注意的地方。露台、水池、草地，以及种植在庭园一侧的植物看上去都没什么特别之处。但仔细观察就可以发现它的别致之处，正是这些才使得这个庭园与众不同。其实一个有孩子的家庭的庭园并不需要难以捉摸的设计和奢华的建筑材料。应该考虑的是庭园的实用性和所耗费的成本，以及一家人能否在庭园里享受生活。

庭园设计师夏洛特·罗韦提出了设计的三大重点，即令人心旷神怡的入户式露台、可供孩子嬉戏的草坪与浓密的植物，以及能让孩子们休息的设施。而在大部分情况下，占地面积最大的就是露台了。本案亦是如此，露台被扩大到5米（一般来说只会是4米），保证了可提供足够的活动空间。另外，设计师还为庭园露台加盖上了一层预制混凝土薄膜，这种薄膜能使露台看上去像抛了光一样。这样再也不用担心光亮而开阔的露台会产生令人厌烦的裂缝。其实由于露台靠近厨房，最初是被设想为一个带有餐桌的温室。然而，取而代之的是一扇平门，阳光明媚之时敞开大门便仿若已身处温室之中了。在炎热的夏夜也可以将餐桌移至室外，尽享月下夏夜之沁凉，蝉鸣之声，萦于耳旁，好不惬意！

除此之外，如果人们从左侧步入庭园，就可以看到一个舒适暖和的休息厅与座椅套件于墙角处恰到好处地融为一体了。两棵有着屋顶形状般树冠的悬铃木在此处投射出一片阴凉，即便白天闲坐于此也不会显得太过炎热。当然现在这些树叶还没有足够的繁茂，遮阴的效果也尚且未能达到。最美的并不是那些不受风雨影响的家具，而是庭园里那极为吸引人的景色，更是与露台相对而建别出心裁的水池。尽管这里并不具备建造一个游泳池的条件，而且也没有得到相关的许可。但是却没有人能抗拒一个独创的艺术喷泉和镜像设备。水从白墙中汩汩而出而形成弥漫的云雾，尽管并不复杂，但却极具艺术效果。水池依傍露台，由10厘米高的水泥护堤围绕而成。水池上端有一个棱角分明的水槽，水缓缓而出，这正是整个水景设计的点睛之笔。炎炎夏日，小主人却更喜欢坐在水泥地板上将手脚放进水中打闹玩耍。石梯通往一条石子小径，而小

魅力十足的水池：水雾及巧妙的导流设备都通过软件制造
出来，这些精彩的场面在灯光的照射下将会变得更加浪
漫。

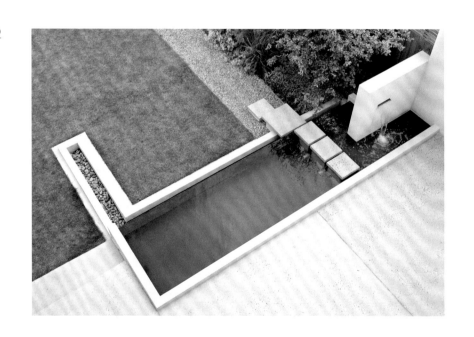

径则延伸进了宽阔的矩形草坪的中央。有趣的是，仅在庭园一侧种有植物，如棣属、大戟属（大戟亚种）、管草（麦氏草属"透明"）、黄杨属以及秋牡丹（银莲花属"奥诺·季柏特"）等，它们将尽可能地吸收阳光的养分。庭园如同舞台布景，两边则是高1.2米的欧洲山毛榉篱笆，篱笆间则种有小叶椴。

在庭园的尽头还种植有两棵对称的山毛榉，树阴下则设计了一些休闲座椅。休闲座椅既可以作为惬意而吸引人的景观，又可以是一个极佳的观赏点，在这里主人能从一个独特的角度来欣赏自己的家和庭园。对于孩子来说这里也绝对是嬉戏的圣地。一个滑坡再加上自己的小房子已经有足够的诱惑力了。当然，如果主人很享受园艺劳动的话，那么可以在这除除杂草，也可以对灌木丛进行重新布置。

几近经典

设计：简·施文贝格赫　　地点：比利时布鲁日　　摄影：尤根·贝克尔

经典时尚 在初次步入时，庭园设计给人的第一印象似乎并不时尚。但殊不知，三年前翻新这块地皮的时候，根本没有留下任何能让人感觉到旧庭园存在的东西。仅有露台被保留下来，但比原来的高度大约提升了一米。旧庭园露台的保留，并非完全从园艺角度出发，而是业主希望能将经典的设施保留下来。在材料的选择上，设计也不是在对新材料进行试验，而是在已有材料的基础上做出了新的诠释。然而，在本案设计中必须考虑到的是隔离噪音。每年从复活节至深秋时分，均有大量的旅游船只往来于此，船长的麦克风里热情地介绍着布鲁日的历史与人文风情。

时髦的庭园一般会种满黄杨树，但大多数情况下都被修剪成了单独的球形结构，或者简单地并排而立。但这个庭园就截然不同了。庭园设计师简·施文贝格赫意识到矮山毛榉历史悠久的价值，这种价值从巴洛克式庭园就一直被传承至今。为什么就不能在这栋高品位的建筑里也种植矮山毛榉呢？这一所兴建于十五世纪的贵族房屋赫然的处于布鲁日圣玛丽亚教堂旁，自然容不下嬉戏式的庭园设备，它所需要的是线条分明、外观出众以及极具经典美的庭园元素。在这里，种满了茂盛的薰衣草和银香菊的紧凑矮山毛榉，这正是经典元素的体现。

根据设计规划，庭园由高大宏伟的黄杨树花圃来进行塑造。加之其变化不一的样式使这个庭园更具有吸引力。于是庭园被划分为两个部分。露台前的黄杨被打造成笔直的十字形回廊，在与另一部分的交汇处顺应而生的是透明的蔓藤回廊，矩形结构的回廊由紫藤花与铁线莲组合而成。回廊的后面就是另一个黄杨花园。

一方面这个回廊把整片区域划分为两部分，另一方面又将住宅与运河连为一体，回廊直通庭园大门，穿过大门就能够到达桥型码头了。因此在这么一个靠近市中心的位置，便可很轻松地实现业主独自或与来客

立于露台之上，放眼望去这边风景独好，带有藤架的回廊、凉亭、两个造型不同的黄杨树花圃。坐于其间，是小憩，更是享受。

巧用喷泉对抗噪音干扰：用四个喷泉弱化了墙外运河中往来船只产生的噪音。生动形象的造型和齐整的山毛榉始终引领庭园时尚潮流，而且也能很好地与这栋房子的建筑风格相吻合。

一起游览这条横穿了布鲁日古城的运河的愿望了。为了引出壁泉，回廊的彼岸又重新以黄杨与紫杉的联合组成。这是一个极美的组合：绿色的黄杨树与石子路的交替浑然天成。这个庭园的一角虽是稍微偏离主视野方向，却与整个庭园密切相关。而在房子纵横侧的露台也一样朴实无华又舒适惬意。设计师在这里设计了一座可用来欣赏自然美景的通风凉亭（如上图所示）。凉亭由钢与玻璃的结构构成，因而看上去更为明亮开阔和生机勃勃。但这里却不太适合作为促膝长谈的地方——因为有外面过往船只的噪音干扰。这时壁泉就不仅仅是一个装饰，它的作用远不止与紫杉一样用来掩饰这破旧失修的砖墙，而更多地被赋予减低噪音的重任。庭园总共建有四个壁泉以及小型喷水池，汩汩的流水，淙淙的声音，取代了白墙外传来的运河上那扰人清静的嘈杂。在庭园里其实很少有安静的时候，但无论如何巧妙地利用潺潺的流水声，总比把白墙建得更为高大美观得多，更高的墙只会使得庭园变得阴森。现在就有足够的理由，静坐在露台中尽情享受和煦晴朗的夏日，再不会有烦人的噪音。

漫游庭园

设计：约瑟夫·格鲁特斯　　地点：德国莫尔斯　　摄影：尤根·贝克尔

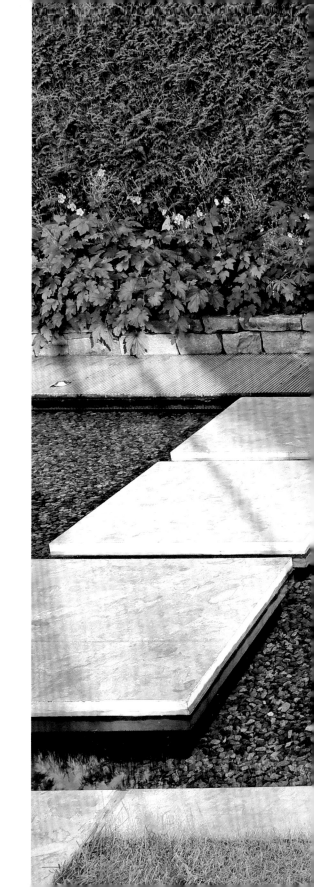

小庭园大平台 20世纪50年代的庭园一般来说都会很符合当时的潮流,当然一些小小改动就另当别论了。弧形的细密草坪、许多常绿植物,以及用来与周边密集的建筑区隔开的高高的篱笆在当时都是常见的。通常来说露台是由鹅卵石或与之相似的材料铺设而成,而这些现在已经不再那么受欢迎了。

屋主们在购入这套房子时,庭园的变化也大同小异。当然,他们也提出了一些在建筑方面非常有意义的改进方法:通过用玻璃搭建建筑的前体部分来扩大房屋的空间,这也就是温室花园的一种,在里面可以放得下一张长餐桌,或者为露台加一个透明的盖顶。其他的方法就需要更大的改动了。再进一步观察可以发现,也许可以只保留被丁香花簇隔断的侧柏篱笆,以及杂砂岩石料,这些石料则可能会被用来砌成笔直的砖墙。

设计师为业主提供了三个构思方案:一个是轻松诙谐的转变,一个是相当正统的想法,还有一个则赋予了水池统治性的地位。由于业主对水元素极其钟爱,将水元素作为一个至关重要的艺术造型元素,故决定采用最后一个方案:在屋檐下宽阔的露台处设计一个灵动的水池。在此之前,这里一直是一个类似大小的特殊露台,它所采用的材料是备受推崇的比利时花岗岩。比利时花岗岩与天然石材非常相像,而且一块就有一平方米。但这些石板绝对不应该肩并肩整齐地摆放在一起,尽管这样更易于打理。而应该在石板间留有明显而宽阔的间隙,这使得整个平台的面积更大。

这种平台的建筑材料首先遭到了屋主的质疑,因为这种比利时的石料并不是真正的花岗岩,而是混有化石杂质的石灰岩,这就会不可避免地出现由椅背造成的刮痕。但在参观对比了多个露台之后,屋主最终还是决定采用这种天然石料。由于地产商并没有提供其他有效的方法,所以只用这两种较为传统的办法来运输这些石料:一种就是用起重机悬空放入,另一种是穿过房子搬进庭园。而由于起重机等设备配置需要

大面积的平台与纤巧的枫叶相映生辉，营造出形状变化的美感。在露台旁边的太阳椅既是休息圣地，也是一个引人注目的闪光点。

一段时间，所以这样看来还是将所有的建筑材料穿过房子搬进庭园较为合适。这对所有的合作者来说都是一个巨大的挑战！

　　毗邻露台的水池是整个庭园的核心部分。它有许多引人注目之处：横跨水面，通往橡木座椅的垫脚石；雕凿有一个个微型喷泉的多孔板；业主期盼已久的深水池。水装置显露出这个水池的深度为0.4米，而实际上深水池则被加深到了1.4米。享受清凉水意的同时，也可以在木甲板边沐浴阳光，这是多么完美的搭配。设计师放弃了化学药剂，而在水池中增加生物过滤器以及微型生物，以维持水源洁净。

　　在这里植物扮演的几乎是无关紧要的角色，因为根本没有极具独创性的花色品种。高大的篱笆墙投射出一大片阴影，使得很大范围内只能在增高了的苗床上栽培出八仙花属。引人注目的是水池与座椅之间破土而出的日本红枫，却与古老的丁香花树平分秋色。

傍晚时分这一切就变得如此浪漫。屋檐下的露台开阔宏伟，水面上铺设有齐整平坦的垫脚石，而深水池则用于驱散夏日的炎热。

以大见小

设计：弗里德黑尔姆·海伦坎普　　**地点：**德国伊金格　　**摄影：**费迪南德·格拉夫·卢克奈尔

124 **一场彻底的革新** 本案旨在于一块巨大的地皮上兴建一个小巧的庭园,而在项目中有两大主题和两大任务受到了普遍的关注:一个是在原有的土地上进行重修,一个是打造与房屋的建筑风格相符并且占主导地位的巨型阳台。

在20世纪30年代,高高的围墙是整个住宅的焦点,与此同时极富特色的依山而建的梯地也是费了不少心思的。其实,当年创意的初衷是想在房子旁边适当地留有自由发展的空地以展现出桥的优美风光。而在60年代,住宅被打造得很时髦,人们以奢华的阶梯来支撑起一个斜坡,这样就实现了土地价值的最大化,因为从视觉上来看,坡度大的土地可减少对土地面积的需求。但这很快就产生了不自然的效果。而那时,人们对庭园的审美和需求也在悄然的改变着。如今人们更愿意去追随当年的痕迹,然后再赋予庭园合乎时代的标志。当设计师弗里德黑尔姆·海伦坎普第一次看到这块地皮时就认为,所有房子的围墙,包括配有不太美观的拱门的长廊都应该被拆除。但后来他还是决定保留这条与庭园门相辅相成的走廊,一方面可以作为时代的见证者,另一方面也让人们从房屋里就能饱览庭园景致及屋后壮丽的阿尔卑斯山全景。

这个成功的庭园设计预先考虑了三大重点:用中国生产的玄武石板建造而成的巨型露台,生长着6棵高大悬铃木的矩形砾石平台以及14块坚硬的长条方石。长条方石直截了当地悬浮在砾石平台之上,然后作为阶梯继续延伸,最终发展成为一条宽阔的砾石路。而这种设计要摒弃斜坡上的露台,再用平缓的草坪斜坡取而代之。宽阔的露台依偎着爬满蔓藤梨的车房白墙一角而建,是人们所向往的休憩之地。每级阶梯和每块方石的规格都是长0.4米、宽0.25米,牢固结实而有着重要意义。它们打破了露台的局限性,使整个区域的视野更为开阔。为了延长真实的视野轴线以及道路轴线,14块矩形阶梯(坡度落差达0.5米)从正面看被裁成倾斜的。阳台上的梯级长2.5米,底下的长2米。

作为历史遗留物的门楼，犹如一幅极富文化气息的相框画，凝聚着所有人的目光。值得一提的还有唤起人们年轻记忆的玄武岩平台与阶梯，理性却不呆板。

巨大的矩形砾石平台在规划之初被提议建成水池，这原本会是个多么美妙的景观。人们可以通过水上的玄武岩地带来穿过这个水池，而水池也会形成空灵美妙的倒影。但由于太过高昂的修建和保养成本，这个方案最终不得不被放弃。取而代之的是砾石平台，平台也能够提供非常好的休憩之地以及完美无瑕的独好风光。被保留下来的耐候钢护堤，为整个庭园增加了一股时尚的气息。同样也极为独特的还有6棵栽剪成屋顶状的悬铃木，很快这些悬铃木就会生长出另一方茂密的绿叶屋顶。可以想象的是，当悬铃木的树干和树冠在黑暗中被照亮之时，该是一番多么令人心旷神怡的景象了。

具有差异性的外观结构同样也极为重要。从起居室旁开始是木制的阳台，阳台与走廊之间以薄膜过渡成玄武岩板，再往前走则为砾石平台，跨过砾石平台则进入了一块茂盛的草地。行走其间，只要稍加留意就能够亲身发现这些差异。尽管这些鲜明的对比一直存在，但并不是所有差异性明显的庭园设计都能如此惊艳，因为在注重差异性的同时也应该关注设计细节。

砾石平台上面看似几乎悬浮的阶梯，营造出和谐
动人的空间气氛，连经济实惠的植物也显得尤为
独特了。

屋后的小圣地

设计：伯恩哈德·克莱姆　　**地点：**德国德累斯顿　　**摄影：**费迪南德·格拉夫·卢克奈尔

134 **非常实用的庭园** 这栋住宅历史悠久，于1938年建成，当时是德累斯顿牛奶场的员工住宅区的一部分。在这个狭窄的空间里，每一寸土地都被非常有效地利用了。但它的建造并没有遵循行列式住宅的原则，而是由四个房子的复合结构曲折组成，每一个房子各由两个正方形和两个L形地皮组合而成。屋主在不久前非常幸运地买到L形的地皮。这个庄园非常实用，因为它的出口能通向两条大街。前面的房子只有一个小型的正方形庭园，而另一个有着L形地皮的房子则是异常的吸引眼球，不仅一面可以直通他们的庭园，而且另一面有一条通往自家门前的小径。

这种房子与庭园相结合的新生活模式开始于几年前，当时现在的屋主偶然发现了这所已经荒废的小房子，以及这个几乎没有利用价值的庭园。庭园距离房子仅有1.2米，但是却只能通过一条崎岖的阶梯才能到达。于是，他们就自然而然地将建造车库的想法付诸现实了，他们想要将车库建造在庭园水平面以下的一侧。这当然是实用性很强的，不仅汽车能够有瓦遮头，还外加了一个停车场。但是这不能够是一个传统的车库，而应该要有点自己的特色。又因为屋主非常喜欢素描，于是他就亲自勾画出了车库的草图，并且最后按此草图建造出了车库。

比车库更为重要的是房子的修缮，而修缮房屋首先要做的是扩建。这里最有可能出现的就只是一个温室花园了，毕竟只有在温室花园的底层上才能建造宽敞透光的餐厅、起居室以及厨房。尽管如此，但是业主还是提出了一个可行的建议，运用带孔钢板支柱、紧绕的绳索以及特殊的玻璃，使这个空间在夏日不会变得太过炎热，同时使得这个宏伟的玻璃建筑与车库同样的特别。

尽管庭园隐藏得很深，对屋主来说却非常重要，因为他们也需要一个可以休养身心的地方。为了进出更为方便，必须往下兴建一座新型的楼梯。楼梯不需要过于庞大，只需要轻便和透明就可以了。于是设计师便

从温室花园往外眺望，就能够观赏到露天餐厅，富有情调的绿篱，以及在石板瓦地上争芳斗艳的唐棣属植物。

136

无论从哪一个角度来看，这都是一个和谐统一的庭园设计。木甲板带有保护视力的薄膜，板岩石柱带有山荆子，唐棣属植物被独立于带有裂缝的岩石间。

以钢作为主要支撑结构，梯级则用光栅材料制作。这个时尚的搭配，不仅与玻璃建筑风格相吻合，而且非常实用，因为光栅梯级不会蓄水。

对于庭园，屋主还听取了许多专业性的建议。车库已经存在，而在车库的后墙壁有一扇可以上锁的拉门，透过这扇门人们可以进入到庭园中去。设计师巧妙地在这片一览无遗的土地上打造一个长11米、宽7米的庭园，它有着引人入胜的景色、方便人们烤肉的桌椅、可以卧躺的草坪，以及一间为女儿们准备的木屋。这一切都与玻璃建筑风格相符，没有过分华丽的装饰，有的只是满心的清新自然。首先，庭园以水泥墙与温润的松木薄板围合起整片土地，营造出一个令人愉悦舒适而又非公开的自由空间。其次是在庭园内设计了一张能促进食欲的餐桌，让人全无束缚之感。最后设计师挑选了一种非同寻常的薄膜材料——硬娑罗双木来铺设小径和餐厅。这种木材持久耐磨，看上去优雅而且赤脚行走也非常舒适。

当人们从玻璃屋或者屋前的长椅向下观望时，所看到的庭园是如此令人着迷。与此同时还有两支聚光灯在唐棣属植物苗床的正前方，与纯天然的板岩石头相衬相依，页岩石的周围也铺满了小块的板岩碎石。这里最大的亮点就是庭园的背面有两座板岩石碑，与之相伴的是一棵优雅的高冠山荆子（苹果属植物）。

经过八个梯级就可以从起居室来到庭园，这里可谓麻雀虽小，五脏俱全。当夜幕降临，便会有特别让人着迷的灯光效果。

玻璃下的高科技

设计：夏洛特·罗韦　　**地点：**英国伦敦　　**摄影：**玛丽安娜·玛耶鲁斯

由内而外 每个庭园都是唯一的，其差异性不仅体现在设计、地点、周围环境上，更体现在于庭园所在的房子以及屋主的不同。与以往不同的是，本案房子的所有者是家居庭园的行家，如今已经有三分之一的庭园空间被他用于业余消遣。他将多媒体房间设在了地下室内，而且为了扩大它的面积，屋主把庭园的地也挖了两米深，然后在顶头铺上保险玻璃。这就造成了露台的一部分是玻璃地面。

这个庭园设计的出发点其实并非如此简单。因为这是一个极为狭小的空间，如果还要在篱笆的边缘留一块狭窄的空间种植植物的话，就刚好只有六米的深度能够利用了。另外，邻居家的高大建筑以及向外延伸树冠的树木也为庭园里的植物带来了很大面积的阴影。由于业主身处要职，工作时间极不规律，而且经常很晚才回到家。因此，设计师将这个小庭园装潢得灯火通明。

这个设计最重要的在于新科技材料的运用，当然，这些材料必须是已经在新型建筑的内部设备中投入使用过的。地板使用的是深色玄武岩，墙体则为玻璃结构，壁炉使用木炭灰色的清水混凝土。整个房屋的外表面都由香柏木来装饰。只有将这样一种颜色风格从内而外地渲染到庭园里去才是最正确的做法。夏洛特·罗韦决定，把这个小小的空间打造成为一个内院，并以墙体作为外部空间的界限。最重要的一面L形墙的墙脚下附带了一张长椅，在这个开放性极强的直角空间里，不仅具有开阔的视野，更能观赏到似真亦假的风景，特别是与之相邻的树木。这三棵桦树的种植具有重要的意义，希望通过它们白色的树干营造出更加明亮的空间氛围。

当然，要找到种植这些树木的位置有一定的难度，特别是这些树木都喜阳而且需要自由的生长空间。在水泥墙之间，往后0.6米的位置安置了垂直的磨砂单层安全玻璃以获取更多的自然光线。水泥与玻璃的镶嵌使用，以及灯光照明的设计，赋予了整个庭园令人为之惊叹的深度。在房屋的右侧是设计得非常别致的

在前院，种植在木炭灰色容器里的竹子占有统治性地位。玻璃和玄武岩搭配造就了一条极致完美的通道。欧洲鹅耳枥做成的高篱笆与香柏木制的棚架起到了很好的互补作用。

保卫栅栏，栅栏的板条是由表面带有银灰色细纹的香柏木制作而成。同一款木料的重复使用使房屋的外墙
达到协调一致的效果，因此，最后能用作真正的露台地板的材料也就别无选择了，只能再次运用玄武岩。而
之相邻的巨型平台，也就是多媒体地下室的屋顶部分，采用的材料则是磨砂玻璃。磨砂玻璃的设计在这里
恰到好处，倘若安置在起居室或者工作室也显得不合时宜。

　　但即使这个庭园的设计是如此的简洁明了，在里面再添加舒适的桌椅或者沙发，就显得不那么诱人了。
对于家具的配备问题，哪一个设计工作室不会碰上呢？在这个时候，如果能只去享受外在风格带来的喜悦
而放弃内在设施设备，就会显得更为简单而且格调更为和谐。因此，唯一的装饰就是自然光线的照明和聚光
灯，这些都赋予了这一个名为"庭园"的舞台独特的魅力。灯光效果使得庭园变得更为有趣，比如当庭园的
地板变得潮湿，当黑色的玄武岩平台上和天鹅绒绿色的磨砂玻璃板上共同产生水薄膜，树木的剪影以及灯
光的反射就会美妙地诞生了。在这里并没有多余的空间留来种植花草，庭园里仅仅在黄杨木的苗床内种植
了一列树冠非常高的鹅耳枥（欧洲属）。另外还种植了一棵独株唐棣属，在磨砂玻璃前种植了十二棵矮株海
桐花。

双结构庭园

设计: 鲍勃·卡斯诺伊夫　　**地点:** 比利时莱德　　**摄影:** 尤根·贝克尔

一个巨大的挑战 比利时的联排式别墅庭园可以是如此的狭长，有时宽5米，有时仅仅3米！当然，但其长度足足可达40米。倘若房屋宽一点，也会面临另一个困难：住房与庭园之间存在着明显的高度差，落差可达1.5米。

业主不仅对庭园的用途有了明确的设想，也清楚地知道应该如何来面对建设庭园的问题。对他们来说最重要的一点就是，除了要有一个宽阔的阳台以外，还要有一部分面积用于室外保龄球。室外保龄球是一种源于法国的游戏，所用的道具是光滑上色的圆球，室外保龄对他们来说意味着更多的休闲娱乐，意味着亲友相聚，甚至还可以是竞赛的刺激。千万不要妄想将场地设置在草地上，因为这通常就会伴随着高额的庭园护理费。那么在这个这么狭窄的庭园空间里，应该将游戏场地设置在哪里呢？业主既不希望这个庭园的设计过于普通，又要使之尽量地不受束缚。庭园主线清晰，所以要避免杂乱地由多个元素拼凑。而且这个房子的外观被邻居屋顶的那台令人厌恶的空调设备所破坏了，业主也希望在这一点上可以有所改善。

庭园设计师的构想是，将这一个"毛巾式"的庭园分立成两个有着不同用途的空间。紧贴着起居室的那一部分庭园用于休闲、吃喝以及举办大型的派对，而另一部分庭园，也就是隐藏得更深一点的，较低洼的那部分，就用作室外保龄球的场地。这一所多层次的房子自身已经铺设好了既有平地，也有斜坡，一层住房向外延伸便已是一个带有屋顶的阳台。这样一来，庭园的设计就应该与这样的建筑风格相协调。也就是说，在设计庭园空间时不仅要有一个清晰的思维，而且所有用到的建筑材料也需要精心挑选并与之协调。水泥灰的使用极具意义，不仅可以作为阳台、梯级，以及围墙的包裹材料，而且使整体协调一致。

庭园中，灰色是整个空间的主色调。它朴实无华，尽显低调本色，更衬托出了其他色彩的风采，如无花果树和欧洲针茅的翠绿，又比如铺在卧榻和长椅上的软垫的火红。

在庭园的后半部分，只有3米宽的空间可供人们玩室外保龄的游戏，但这也使得人们更加专注。如此专注下，这样的消遣方式就会变得更加富有趣味性了。

屋外的大阳台是休养生息的圣地。头顶上是阳光的热情照耀，放眼望去是邻居的庭园以及大片的房屋。如果有兴致的话，还可以走下来到中部的小阳台或者最里面的那一部分由梯形水池区隔开来的庭园中去。水面倒映着蔚蓝的天空，使得庭园看上去能更大一些。人们在绿藤缠绕的墙前设置了几个座位，闲暇之时便可安心坐下来欣赏自己的房屋。楼梯落落大方地延伸进入庭园，非常实用，如果有爱好音乐的朋友来开一个小型演唱会，恰巧可以充当看台。穿过水池和座位就来到了庭园最狭窄的部位了，也就是那3米宽的运动场地。保龄球随时都被安置好，欢迎主人或者他的朋友前来玩耍。

植物永远都会是最朴实的建筑艺术的首选材料。这个庭园需要的不是繁杂多样，而是协调统一。高冠的无花果树在齐眉的高度造成一个令人愉悦的"小阻碍"，同时却很好地隐藏了邻居家那些并不漂亮的屋顶以及令人厌恶的空调设备。而贴近地面的部分种植的是类似金银丝状的欧洲针茅，欧洲针茅那些轻薄娇嫩的花朵营造出一种轻松愉快的氛围。墙上爬满了常青藤和爬山虎，极具生机与魅力。湖边的芦苇，将一片翠绿倒映在水中。这里的一切都是"灵感"（Otium），"灵感"也是庭园设计师鲍勃·卡斯诺伊夫的公司的拉丁文名字，代表着休息、缪斯（灵感女神）以及闲暇时光。

墙体、路面以及游戏场地，一切都是以灰色作为基调。别致的水池、优雅的无花果树以及欧洲针茅以其独特的魅力打破了灰色的朴实与单调。

都市夏日风

设计：菲利普·凡·达蒙　　地点：比利时科特赖克　　摄影：尤根·贝克尔

理念新潮，色彩鲜艳 根据对邻近的列排式住宅以及对面的多楼层建筑物的观察，设计师首先考虑的一点，也是庭园的所有者特别看重的一点，那就是安全问题。在这样一个250平方米的庭园中找不到任何一处地方，可以让人感觉到不被关注的，而确实，也没有这样的一片不被察觉的隐私之地。于是就有了这些丑陋的高墙，人们的视野也因此被突然隔断了。

但其实这也是有好处的，因为本案位于城市的中心地带，意味着会有相当可观的益处：居住在城市正中央，屋主却可以有一个完整的自家庭园而不只是一个阳台或者一个顶楼花园，对大多数人来说这也是极为奢华的。所以这个有着两个小孩的家庭，而且本身非常喜欢出门穿梭于城市中的家庭，就决定采取了以下方案。

庭园建筑师菲利普·凡·达蒙认为高墙并非毫无益处，高墙虽然将整个庭园包围了，但也会使此处形成一个很特别的南方温和的小气候。在其他地方还是非常寒冷的时候，屋主就可以在这外面享受早餐了。而在夏天，这些高墙又会很大程度上将热量储存起来，令人感觉南国的气息如此相近。在衡量这面高达3米的墙体的好坏时，有一点不得不提的，这些墙体也会在一定程度上使得这个庭园空间略显狭窄。尽管这些墙面并不美观，而且是由不同种类的砖头砌成的。但有一个很简单的方法可以解决：将这些墙体涂成温暖的橘红色。橘红色会使得整个庭园有一种阳光和居家的气息，另外，这样一种暖色调也会与房屋表面的灰色形成鲜明的对比。

在设计整个庭园时，最重要的任务就是拓宽庭园的宽度，而拓宽庭园宽度最有效的是建造一个大型的池塘或者矩形水池，因为水的表面会发生反射现象，会使人产生一种更深、更高的幻觉。在这样一个结构紧凑的庭园内，水池是必不可少的。水池出其不意地附加在阳台边缘，横跨整个庭园，营造出一种气势磅

花盆、格子型栅栏、梯级以及白云岩阳台，一切也是以灰色为主色调。砖红色的花盆和匍匐的玫瑰花都成为了墙面的"色斑"。（图见前页）

礴的感觉。令人兴奋的还有那两个宽阔的梯级，它们从阳台延伸进水里，且深达0.9米，不仅让人感觉水是如此之近，更让人有精神为之一振之感。另外，设计师对光线的运用也使庭园显得更大。本案设计了一座12米长的狭长小桥，小桥上的热镀锌的格子形栅板，将阳台与后半部分的庭园连接在一起。尽管赤脚走在这种材料上不会非常舒适，但是人们会逐渐习惯的……无论如何这座小桥都会对庭园进行令人愉悦的划分，而且还将人们引向了绿树成荫的座位和"雕塑公园"内。在庭园的正后部分有三个砂岩底座，人们可以在上面放置雕像。

　　阳台位于起居室的前面，紧贴着房子。阳台也是一个巨大的"阳光浴场"。配备在墙边的太阳伞其实只提供了很少的阴凉之地。如果有谁觉得不能承受如此热情的阳光和热量的话，也可以选择到里面的座位上去。在水池的两边都已经配备有足够多的遮阴地了。例如那些优雅的杨柳，杨柳那轻轻拂动的叶子就呈现了一幅亲切和蔼的景象，同时也阻挡了些许来自居民楼的视线。杨柳同样突兀地种植在水池边上，与阳台遥遥相望。虽然人们坐在这里只是距离房子几米远，但是却能感受到另一种由四面墙打造出来的庭园风情。

　　时髦的设计与经典的植物两者相辅相成，是设计的另一亮点。这个庭园里所用到的时髦建筑材料都与这些经典的植物争妍斗艳：大叶马兜铃、大叶子属以及高冠的杨柳。

充足的阳光透过庭园里的竹子篱笆墙照射在阳台上，令人产生一种置身天井的感觉。而人们的视野则会掠过水池停留在杨柳的树阴卜。

小小的妥协

设计: 菲利普·凡·达蒙　**地点:** 比利时埃德海姆　**摄影:** 尤根·贝克尔

清晰的主线 为建筑添加凸出的部位进行点缀，如加建一个类似余英式温室庭园的大型玻璃建筑，这样一种玩闹的建筑风格是不是已经过时了呢？无论如何这些建筑风格在今日依然对新建筑开发区产生了或多或少的影响。到底新式建筑风格如何为自己创造更明确的环境，在今天，这种时尚的风格又能够走多远。试验的结果有目共睹。现在人们存在着这样一种偏好：大量地使用玻璃，追求高大的空间、巨型的窗户以及明朗清晰的色调。黑白配是极为推崇的，而对粉彩的运用则是越来越少了。与黑白色相应的一些建筑材料也给人一种冰冷无情的距离感，但其实这样一个素净的背景才会使植物盆栽及更多的家具绽放异彩。这种庭园风格发展对庭园建筑师产生了极大的影响，故在这个案例中设计师采用了贵族气派和简单明了的设计方式。

庭园地处新式建筑区，远离了城市交通的嘈杂，但难免也有一种孤立的感觉。庭园面积约600平方米，到处都是现代风格的痕迹。入口处宽敞气派，砖质材料的路面铺装，运用了各种不同的篱笆元素。现代式草坪的使用也是相当出众，如叶子深红接近黑色的黑麦冬，就与紫杉木篱笆种植在一起。砖砌的斜坡上有个板式运输带，将人行道和大门连接起来，这样一条小径也间接地延伸到了庭园的深处。可这不是平路，而是很巧妙地用镀锌的格子型栅板铺成的0.8米宽的狭长小桥。这种造型创意是非常了不起的，因为它将整体的概念清晰地勾画出来，使得围绕在整座建筑周围的环境与住房的建筑风格相协调并为之增色。

庭园清晰的结构和鲜明的线条，以及植物延续了这种形式上的建筑原理。"我喜欢大型的露台，特别是在小庭园里。"庭园设计师菲利普·凡·达蒙如此透露，"这个庭园里的露台是一个非常典型的例子，里面有我别出心裁的设计：阔达即美丽！水池也是大型的，比人们平时建造的体积大。但只有这样一个大型的水池才能达到想要的目的，它对整个庭园的倒映能开阔我们的视野，愉悦双眸。"水面在这里甚至属于庭园设施的一个重要的部分。实质上，整个庭园的空间被划分为四个平行的部分：大型的露台就像在庭园里的一

庭园的平台打造得非常舒适，严谨的几何结构十分有效地与自然风光形成强烈对比。

屋外的木质平台以及座椅是通过格子型栅栏连接在一起的。走起来并不舒适，但却极具美感。白杨和直立的青草也相互呼应。

个往前挤的讲台，横跨整个庭园的水带，实现了向绿化带的过渡；绿化带后高耸着一排白杨，白杨也属于新式建筑区整体协调一致的植被的一部分；连接木质露台格栅，能够通往更深处的座椅，这样一部分的座椅同样也与建筑风格紧密相联。木板墙在庭园的后面作为整个正方形地皮的分界线，所用的木材与露台的一样，均为硬木。而在庭园的左侧，因与邻居的地皮相邻的墙的延伸部分还缺乏具有生命力的绿色元素。于是常春藤就出现了，它不仅是不透明的墙体，还是长形水池的边界线，也为水面倒映的画面添上一抹绿意。

绿化带的末端是精心挑选的装饰性草坪，在绿毯和高耸的白杨间形成一种缓和的过渡效果。这装饰性的草坪包括半灌木草丛和日本的狼尾草。由于除了令人厌烦的割草机之外几乎没有别的庭园劳作了，所以人们有足够的时间来享受这个庭园所带来的乐趣。

可以在这里举行"奔牛节"吗? 在狼尾草 (前面) 和半灌木
草丛 (后面) 之间的木质平台可以容纳非常多的客人。

专属格调

设计：夏洛特·罗韦　　**地点：**英国伦敦　　**摄影：**玛丽安娜·玛耶鲁斯

轻松享受　在我们找到正确答案之前，有时候失败也是必然的。这个四口之家就徒劳地努力了二四年，去寻找一个合适的庭园方案，包括选址以及选择激动人心和供人玩乐的庭园设施。这个庭园并不是完整的，因为没有阳台与烧烤装置，也没有一块可以在上面玩耍的大草坪。对于一个能够让人们感觉舒适的庭园，需要的只是一个简单的整体概念。最终的效果是，庭园不仅要引人注目，还要能够保证在一层的室内往外眺望可以饱览美景。

业主最正确的选择就是在自身徒劳地付出了那么多心血后，最终找到了一个专业的庭园设计工作室来帮忙。决定权落在了夏洛特·罗韦的身上，她根据庭园现有的实际情况做出了相应的规划：底层大起居室外的大阳台由深灰色的花岗岩铺设，阳台上放置一张可供10人使用的桌子，并在一旁设置了一个包括燃气烧烤炉室外厨房，厨房工作台旁还有个小小的草丛角落。庭园后面是设有长凳的屋角，在这里可以欣赏庭园内的全景。木质长凳上面摆放着橘色的长枕头，整张长凳为U形，围绕着正方形的桌子。当阳光照耀之时，庭园内便非常暖和。庭园三面被多种多样的植物环绕，如，新西兰亚麻、大戟属灌木丛、斗篷草以及老鹳草。中间还有一些黄杨，黄杨不仅可以当作灌木丛生长，也可以当作低矮的篱笆使用。

两个空间之间有一块矩形的绿草坪，不仅一家人可以休闲地躺坐在上面，爱犬埃拉也可以在这玩耍。只有草坪的话当然没什么特别的，但这里还有一个12米长的水池，水池将阳台和座位绝妙地连接在一起，而草坪就在水池的一边上（在其他庭园里也许就只会在这里留一条小径）。水池在这里显得如此的富有情感性。为了能够有更加完美的架构，夏洛特·罗韦在水池上面摆置了一些石板作为小桥，石板间的间距各不相同，这样就形成了别样的格调以及生动活跃的光影效果了。桥的一端摆放有正方形的花盆，花盆里生长着

光影效果使得这个庭园有一种若隐若现的神秘感。水面的倒影，细板条投下的阴影都是如此魅惑。

无花果树。而在另一端则有以多梗的喜马拉雅白桦为主导的植被。而为了使庭园的风格首尾相呼应,设计师在宽阔的坐吧后面选择了5米高的高冠鹅耳枥作为庭园端景。

　　这个四面开阔的庭园空间可以使在里面生活的人感到无拘无束,人们可以在这里放心地畅想和放松。在设计之初人们就将原有的古老的砖砌墙面提高了,如果没有开始的重要举措,这样一个开阔的空间根本是无法想象的。夏洛特·罗韦拟制了一种非常窄小的板条,横放的板条叠起的总高度达2.2米,由香柏木制成,为的是保护屋主不用受到邻居的打扰。夏洛特·罗韦在庭园的后部更换了主题风格而采用竖放的蓝灰色板条。

从屋内远眺可以看到这个四方形的庭园空间，在这个庭园里深浅色调和谐更替，这在水池、坐厅内，甚至在室外厨房里都可见一斑。

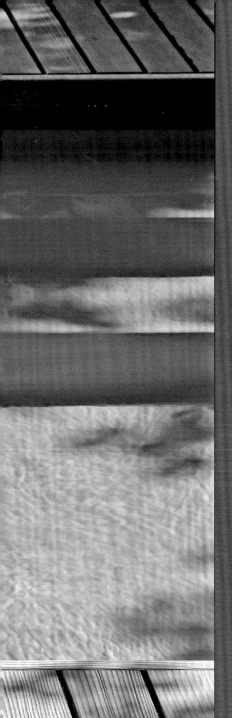

物美价廉

设计：曼努埃尔·绍尔　　地点：德国埃森　　摄影：尤根·贝克尔

精准细致　人们普遍认为，在设计庭园的时候，并不完全取决于以下因素：精确的平行线、对称的间距、均衡的尺寸和比例。当然植物也并非是百分之百地有规律地生长，它们通常都会生长越过了平台的边界线。在这种情况下，非常精准地去设计这个庭园也许就不是必不可少的了。然而当高质量地去建造和实现这些设计中的精准时，这又会是怎样的美妙而又富有意义。以下的例子便可使大众信服。

　　这个行列式住宅的后花园承载了这个四口之家的愿望，他们希望给这个已经15年不变的草地和秋千注入一些新鲜血液。设计单由一个大阳台和游泳池式的水池开始，当然也包括花苗床和杂草丛。随着讨论的深入，整个设计方案渐趋明朗，即打造一个露天的水上庭园。起居室与庭园之间存在0.6米的高度落差，现在通过水泥阶梯缓和过渡了。阳台门外有一座0.8米宽的木板小桥，小巧紧贴屋外，在小桥上面铺设的是天然石砖。宽敞的阳台上还有一张大餐桌。这有一个特别的好处，木板小桥会从视觉上将房屋空间拉长，还可以将人们引领到房屋的前部。这样"临窗的长凳"就能起到作用了。

　　沿屋而建的长凳是座谈和休息的圣地。但是这个庭园的主题是水，这个可以在里面畅泳的装饰水池是庭园设施的一个重要的组成部分。它是普通的水池与时尚先进的游泳池技术的完美结合体。最特别的是，这个迷你水疗池包围住木质阳台的三个边界，而且水深仅有0.8米，这样一个能够使人清新醒神的水池更能吸引人们下水去游泳。真正的游泳区域由水里的阶梯来划分，但同时也通过悬浮于水平面上的跳板，来彰显游泳区的优雅。

　　这个庭园的设计构思里的精确性充分体现在每一个细节上。无论是在庭园中畅谈，还是在水里畅泳，抑或是招待着满院子的客人，经过深思熟虑的比例都能让眼睛得到享受，也能让人们身心舒畅。阳台是如此重要，它使整个画面完美和谐。阳台的原材料是花旗松，在进行内部装配之时，前面木板会被刨去，边缘

几乎整个庭园的景色都尽收眼底，这个木质阳台配套有一个小迷你水疗池，长长的临窗长凳，长凳上还有很大的可坐的空间，还有就是镶嵌于木板及碎石间的自然石质的阶梯。

设计成圆弧形，这样可以防止损伤。自然而然的是，木板在人们看不见的地方（木板底下）都是有用螺丝拧紧的。每块地板的编排和大小范围都并非偶然，而是在计划之内的。为了使白云岩质的天然石板与整体格局协调一致，它的长边要与六块阳台木板的宽相符，它的短边要沿着阳台木板的边伸展（如上图所示）。每一块的大小大约是64厘米×42厘米。虽然游泳池的深度有限，却依然营造了一个非常吸引人的气氛。时尚先进的游泳池技术则是最优的前提条件。除此之外，内敛的灯光设备以及庭园后方的防卫墙也为这样一个令人倍感舒适的庭园氛围做出了贡献。卫墙的材料是有缝隙的横木条，缝隙间还有一些花草植物伸展出来，令人不自觉地就想起森林的边缘。

　　景观建筑师曼努埃尔·绍尔设计的这个庭园不仅使得他的委托者折服，还使得独立的内行人也不禁赞叹。在2009年，他赢得了BSW设计大奖的"私人泳池式景观"单元的银奖，在2010年的红点设计大奖庭园建筑设计组中赢得冠军，且在德国设计大奖中也获得了提名。

水池并不是在庭园的中心位置，但却更像一个中心，这里昼夜不分。游泳池内看似悬浮的梯级，池边那引人入胜的临窗长凳，都为庭园设计增添了精彩的一笔。

这个庭园的难能可贵之处在于它对细节的处理，
这里的一切都绝非偶然，所有都是在规划之中，如
木板的摆放、灯光的设置、护墙。

小型庭园设计指南

撰文： 彼得·扬克 (Peter Janke)

摄影： 尤根·贝克尔 (Jürgen Becker)

玛丽安娜·玛耶鲁斯 (Marianne Majerus)

克里夫·尼古拉斯 (Clive Nichols)

小型庭园设计理念

在当今的园艺界中，私人独立庭园里涌现出了大量不同风格流派的庭园佳作。庭园风格往往取决于庭园主人的需求和地皮的地貌特征。而庭园面积的大小对后期设施的质量只起次要的作用。确切地说，丰富的内涵、植物移栽前后的连贯性、客观性的分析、专业的知识以及庭园设计布局的灵感触发点都是影响庭园布局的重要因素。在庭园设计中，如何把握空间是庭园设计师十分关注的问题，创造出来的景点越小，庭园布局的目标则更明确，连贯性更好，也会使人更加舒服。因此我的建议是，小型庭园的设计应该制造一种最引人入胜的诱惑。比如当你进入一个庭园，园内景色一览无遗，那你会觉得这个庭园比较乏味。但是，如果你游览庭园时，尽管它面积很小，却能不时地为你呈现一系列独特的景点，那你就会有一种全新的感觉，也能尽情体验园艺的经典、精致、神秘和惊奇。

庭园布局

数据表明，在德国所有的私家庭园中面积超过500平方米的庭园大概只占30%。除此之外，大概700万个家庭的庭园占地面积少于100平方米。因此，德国大约有2/3，即大概2 000万座庭园可以称为"小庭园"。

如今，人们觉得庭园的发展就是塑造新型的、具有创新性的园艺小品，或者是古为今用，用新奇的方式来演绎经典的构思或传统性布置，好像这样才是合乎逻辑的。我们为了达到这种效果使用了新式的材料、现代的建筑技术和多种闻所未闻的植物品种。但值得注意的是，任何一种风格都不比其他风格更好或更差，传统的、高价值的材料和设计理念恰恰是体现了人们某种程度上对于永恒价值观的追求。遗憾的是，尽管它们还没完全丧失利用的价值就已经被新的一股狂热的园林潮给淹没了。

个人经历

记得伴随着我成长的庭园,应该就是那种既适用于观赏又具有实用性的综合性庭园。在我的青年时代,这种庭园的预计收益和产值是很重要的,这点是没人会提出质疑的。菜园里的蔬菜和水果色彩缤纷、整齐划一,同时又很自然地将一块小小的、有很多小花做边缘点缀的草坪给围起来。这样,那条通向奶奶种着观赏植物的苗圃的通道就真的是分不清边界了。

年轻的时候,我曾尝试着去改革结构式私人庭园。为了早日实现我的园艺梦,从很早之前我就没有浪费过每一秒空闲的时间。但是我发现我的家人在我永不疲倦的创作期间并不总是流露出纯粹的喜悦,因为每年都会有越来越多的土豆和覆盆子藤架成为牺牲品。很快,果园、菜园部分和观赏性苗圃部分之间的比例发生了变化,我的第一个有明确功能分区的庭园诞生了。

理念巨作《小型庭园设计指南》

这本书总结了我从事小型庭园设计以来积累的所有经验和体会。在书中我仔细分析了国内外不同的庭园设计案例。特别提出的是该书引用的案例可以让读者更加了解我的园林哲学思想。

小庭园方案

每个深思熟虑、精益求精的庭园空间规划方案都直接决定了成品的质量。每个庭园方案要遵循很多标准，设计出来的成果才能真正使人信服。我把这些标准概括成两个方面。一方面是分析庭园空间里的各种情况，也就是说，要明确庭园建造的各项指标。此外，还要考虑庭园的面积、地形地貌和庭园的开发、建筑师个人的喜好以及庭园边界的风光。另外一方面当然是确定庭园的风格流派和庭园建筑物的功能。庭园空间越小，这种分析就显得愈发重要。

对称结构在小型庭园领域是很容易辨认的。只要一年四季注意坚持园林修葺，如树篱的几何分割、树木修剪、草坪通道的整齐通畅就能保证庭园匀称的直线性。尽管这些形式标准很高，但一点都不会让人觉得庭园空间布局是一成不变的，也不会让人感觉不舒服。一般情况下，精挑细选的灌木和草皮可以适当地突出庭园鲜明的结构，同时也能给庭园的全貌增添一点自然气息。这样，一个清新、舒适、氛围融洽，既让人放松又有益健康的主题庭园就诞生了。

名称：特林·齐格玛庭园

设计：特林·齐格玛

摄影：尤根·贝克尔

地点：荷兰

空间的把握

我们在把握空间的大小时是带着主观性的，并且很容易受影响。尽可能地把庭园的全貌呈现在人们面前，则会给人一种很强的空间感。庭园主人如果能够花得起钱，想要建宽敞的走廊、华丽的柱子或者展示更多吸人眼球的东西，就应该遵循上面所说的。还有，如果被划归出来的空间太靠近庭园的边界的话，那么就应该使用更加合适的方案。

空间微型化

在更小的局部通过有意识地规划可以鲜明地增强小庭园的娱乐性和实用性。一个杂乱无章的庭园很有可能就是忽略了这个简单的认识。因此，当参观者走进灌木丛植被区的时候他们一般都会找不着北。人们有时候待在庭园里面的时间会长一点，有时候只是进去休息片刻，但不管怎么样，游园一圈所需的时间是很少的。尽管迷宫有增大面积的效果，但现代的庭园已经不再强制性地建造迷宫了。与住宅区的空间划分相比，庭园在空间布局上也或多或少带有灵活性。但是，这并不代表空间划分就可以是随意的，否则其他还未被利用的区域在开发时将面临很大的风险和麻烦。所以再强调一次：在方案设计中庭园的功能和风格评估要放在第一位，其次才是在建筑风格与实际情况的相互协调下深入地研究具体可行的空间分割方案。令人满意的庭园空间划分不仅仅只是在庭园内安上篱笆、种些树木来展现其绿化的一面，而且每个划出来的空间区域的高度、结实性和特性对庭园的整体效果也起着决定性作用。

现代的空间布局

图片展示的是英国女设计师苏珊·布莱尔(Susanne Blair)早期设计的城市庭园，她运用英式庭园空间布局元素，把庭园布置得有如大自然的一部分。她在庭园里设计建造了一道由木炭灰粉刷、几乎透明的屏障，以营造一种若隐若现的视觉效果，这种灵巧的方式恰恰增强了庭园的立体感。确定下来的空间区域都是很精确的，它可以不被限制地实现既定的功能，同时也突出了庭园的雕塑艺术。这个壮观的功能划分是由涂抹上黑莓色石灰泥的砌墙完成的，这面墙就像一座高架桥矗立在庭园中，墙体还凿出了一些中空的长方形。一帘简单却令人印象深刻的水幕藏于砌墙右边，将这个小角落装点得极富情调。苏珊·布莱尔对这种模型和平面有超凡的灵感，特别是对前后连贯、轻质性与坚固性材料的选择，以及从现代时尚到朴素主义的准确把握，她敢于打破传统建筑风格的勇气，多元化地拓展了这种庭园的观赏性。

设计：苏珊·布莱尔

摄影：玛丽安娜·玛耶鲁斯

地点：英国伦敦

古典与现代

该庭园坐落于布鲁塞尔东北部一个安静的小城市罗策拉尔，它被视为园林艺术界的一颗明珠。加腾安拉格·霍夫庭园是比利时园林艺术界一个令人称奇的典范，它以随意的方式把庭园设计中古典元素与现代元素巧妙地融合在一起。庭园主人希望能在划分好的庭园空间里创造出独一无二的美景，让其一年四季都能风光无限。

小面积空间，大立体效果

让庭园主人或者是参观者融入到庭园中去，这是加藤安拉格·霍夫庭园的宗旨。这种态度体现在庭园的每个角落甚至是每个设施每个细节。单个的庭园空间划分是结构化和直线性的。传统的树木品种，如锦属黄杨(Buxus sempervirens)、欧洲红豆杉(Taxus baccata)、冬青(Ilex in Arten und Sorten)、欧洲山毛榉(Fagus sylvatica)，描绘出庭园四季长青的轮廓。依照传统的式样，庭园里还有人造的元素，如用天然石、蓝氟石或者是水磨石铺出来的地面。值得强调的是，庭园里栽种了一些生命力旺盛的灌木，如玉簪(Hosta)、蕨类植物和其他多种多样的植物，并且也在庭园内融入了一些带有几何思想的基本设计理念。加藤安格拉·霍夫庭园作为空间布局的典范，为我们展示了庭园里所有的传统因素是如何以现代的模式和最极致的空间概念组合在一起的。在本案内即便是最小的部分也可以成为最出色的庭园范例。

名称：加藤安格拉·霍夫庭园

设计：卢特·范霍夫、扬·范霍夫

摄影：尤根·贝克尔

地点：比利时布鲁塞尔

200

远景线

在庭园里散步就像是一场眼睛的旅行。当参观者一走进庭园，观赏到眼前的极致美景之时，他们就可以立即感觉到烦恼都驱散了。庭园的空间越小，庭园的景色就得建造得更加有内涵。庭园并不一定要设计很多不同的元素，因为通过精心的布局，一个形式直观简单的庭园主题也可以产生令人意想不到的效果。

同一庭园，不同景致

在狭小的庭园空间内，通过一个精心设计的可透视动态布景，便可呈现令人印象深刻的多层次庭园美景。考虑到人们需要从不同的方位欣赏庭园的景色，因此在庭园内必然要设置至少四个不同的视角方位。精益求精的空间分割和对远、近景的景色差异的考虑，引发了设计者的想象力，找到更多新颖的灵感。只要一个转身，在最短的时间内人们就能欣赏到另外一番完全不同的景色。戏剧可以通过转换舞台布景来交代故事发生的情节，那么在欣赏庭园美景时，参观者只要转动一下眼轴，也可以实现这种景色的转变。在某些神奇的时刻，参观者只是改变自己的位置，在庭园这个舞台也可以通过造型转换，魔术般地在他们面前呈现出最引人注意的景色，如若隐若现的乃至不同类型的风格流派的美景。这种令人称奇的效果运用在再小的庭园空间，都不会让人产生一丝的单调与枯燥。

右图是荷兰园林建筑师米恩·雷斯 (Mien Ruys)的作品，我们马上就可以发现在这个庭园设计中有很多处都运用了移动式远景的技巧。米恩·雷斯用一整排修剪成长方形的、看起来壮观严肃的欧洲红豆杉 (*Taxus baccata*) 将后面的草坪给隔离开来，用这种方法所看到的远景会形成一种非常正式的、雕塑般的效果，既能够充分地定义另外一部分但又不会使人对延伸出去的部分失去好奇心。但人们只需要向左或向右走几步，眼前就会出现另外一番完全不同的景象，因为此时的立方体——欧洲红豆杉已经很快就连接成了一片茂密的丛林。越过这些远景就可以看见横置在中间的、形状与被修剪过的红豆杉一样的长方形水池，它的左边种着整齐的晨光芒 (*Miscanthus sinensis* "Morning Light")，芒草下面还种着开着小花的加勒比飞蓬 (*Erigeron karvinskianus*)，这是一种由南美洲引进的草本观赏植物，生命力极为旺盛。从这张图片的视角进行观赏，好像除了这些稀疏的景物外就没有什么出奇的了。但是，当你从远处俯瞰庭园时，你会发现，那些植物倒映在貌似平滑如镜的水面，风一吹过，感觉就像是水面上掀起了层层波浪，好不壮观。当这些植物的生长季节到来时，它们会以惊人的速度往上长，从远处看过来，植物的高度甚至可以把宽敞的水池完全隐藏起来，所以参观者有时候需要一段时间才能反应过来，原来里面还另有乾坤。这种利用视觉位移的技巧适用于所有的庭园，但并不是一成不变的。它总是给人惊喜，所以值得一试。

设计：米恩·雷斯

摄影：沃尔克·米歇尔(Volker Michael)

地点：荷兰代德姆斯法特

中轴线

一个小庭园可以利用笔直的走道在一定程度上将整体分割成两部分，然后利用精密的几何学原理对空间进行布局，这样的设计听起来可能很奇特。但是对于小型庭园空间布局来说，中间轴这个传统的设计元素是包含了很多可能性的。当然，就荷兰胡斯萨斯奇雅·施密德和依雷恩·施密德的私人庭园来看，虽然一切都是严格按照比例、对称的原则规划的，但还远远不能表明这是一种很"酷"很现代的表达方式。

小庭园，大排场

根据个人需求、环境的基本结构、建筑风格以及个人审美观的不同，就可以设计出一个与众不同的小庭园。当然，庭园的功能空间划分也是举足轻重的。

在这个小庭园中，通过种植被精心修剪、四季常青的欧洲红豆杉（*Taxus baccata*）将其与住宅的其他部分区隔开来。临近的阔叶树恰好营造出一种亲密和谐的空间氛围。中间的小路，一直延伸到后面的台阶，将整个庭园分成两个不对称的草坪，两侧都种着一排整齐划一的半球形黄杨树（*Buxus sempervirens*）。一进庭园，参观者的视线马上就会被吸引至白玫瑰藤架下的一尊古典雕像上。尽管庭园的景色一目了然，但还是有一些小瑕疵的。首先，这种设计风格过于严肃呆板；其次，由不同大小的天然石板铺成的中轴线，其实设计者可以插入一些亮色系的装饰物来做点缀的；再者，半球形黄杨树过于严格地遵循几何对称原理，这会让人误以为他们是进了非常古老的意大利庭园。只要克服了这些不足，才能突出那尊雕像的卓尔不群，而不是给人一种纠缠不休的反效果。草坪上不规则栽种的阔叶树和看似随意生长的开着红色小花的距药草（*Centranthus ruber*），在茂密的欧洲红豆杉篱旁，就显得更加单调，这在这座极其正式的庭园里倒显得突兀与随意了。

庭园空间即使有限，若应用出色的创意，同样能够引人注目。这两个荷兰风格的庭园并没有采用传统的做法，仅在庭园的前面部分摆设一些座椅，便将人们引入一个四季常青的世外桃源。庭园虽小，但设计师以其大气的设计手法，让小小的庭园尽显大家风范。谁想知道花架下面到底藏着什么秘密，和我们期待的一样吗？那么我们就得沿着中轴线一直往里走，直到尽头，这时我们就可以欣赏到美丽的景色了。

设计：西斯卡·施密德、依雷恩·施密德

摄影：尤根·贝克尔

地点：荷兰

通过巧妙的空间分割，英国设计师乔伊·斯威夫特和塔曼辛·马尔施证明，又小又窄的庭园空间同样可以创造出一片宽敞的天地。

对角线

在又小又窄的庭园里处理布局和比例的问题，对于设计者来说是个很大的挑战。想要在小面积的庭园里实现庭园主人的奇思妙想简直是天方夜谭。但设计师总是可以化腐朽为神奇，恰到好处地运用庭园对角线，绝不浪费小庭园里的一丝一毫。

延长的距离

从几何角度来说，在矩形平面图中，对角线长度是整个平面最长的。在设计狭窄的庭园时，这个原理完全可以加以运用。

这个案例向我们展示了设计师是如何协调处理对角线，让小庭园瞬间变得明亮宽敞，同时也满足了庭园主人各种不同的需求。这里的每一厘米都能派上用场。庭园边界用节省空间的木栅栏给明确界定出来，意在把庭园与外界分隔开，边界不仅是从外在创造独立精巧的空间，更重要的是它能给人以安全的空间氛围，具有反光效应的简洁配色方案，使人的视线同时能够注意到园内其他的景物，使庭园必备元素很好地融合在一起。

从我们这个角度看去，与图中45度角方向平行的对角线，划出来的空间极小，但足够并排竖放两张大小相同的长方形躺椅。地面上铺的木板不仅提供了足够的空间进行愉悦的室外活动，同时也是一个用来释放压力的阳光浴场。除了这些空间布局外，直角三角形也是这个休闲场所的组成部分，现在新兴的庭园都钟情于这个设计元素，因为它可以提供充分的空间种一些很有情调的植物。我想，只要躺在带有舒适软垫和枕头的躺椅上，人们肯定可以很快适应这种节省空间的三角形旋律，安然享受生活。

不同的平面营造层次感

乔伊·斯威夫特和塔曼辛·马尔施设计的小型庭园不仅巧妙地运用了空间分割，还添加了可以增强层次感的三维设计。他们在设计的时候有意地加入三维空间，而且还将这些"几何零件"嵌入不同的平面之中。两张躺椅并排放置给人一种宽敞的感觉，同时也能反衬后面那些植物的高度，一高一低，形成了一个完整的框架结构。这不仅使人们感觉到舒适，还会使整个庭园的构架更加的紧凑。两位有创造性的英国人在庭园的前面部分加上又轻又简单的藤架结构，让茂密的葡萄藤蔓顺着藤架攀缘而上。独立且对角的关系当然在庭园的上方区域就用不着了，它运用在被充分利用的庭园空间内，赋予了庭园一种额外的空间层次感。

设计：乔伊·斯威夫特、塔曼辛·马尔施

摄影：克里夫·尼古拉斯

地点：英国伦敦

360度效应

一个优秀的庭园设计方案是以深思熟虑的规划为基础的。不同的庭园区域协调着整个空间布局，不要经常使用那些让人看起来有点严肃的几何形式，而是应该运用一些多样化的主题，这样才能赋予庭园独特的表达方式。比如说，将有趣的圆形作为小庭园的基本形状，便可引人进入一个视野宽阔的世界。

庭园四周嵌入设计

形象的艺术造型和茂密如林、多种多样的植物之间的相互作用效果特别显著，使人印象深刻。此案例取自荷兰一个私家庭园，植物学家弗兰妮·盖吉泽斯和弗兰斯·盖吉泽斯在圆形草坪的四周制造出奇妙的、相互协调交织在一起的植物组合，让人沉浸于无尽的愉悦之中。这个充满诱惑的庭园营造出了一种包罗万物的和谐感，当参观者投入它的怀抱时，它会拥抱你，完全地接纳你。人们的视线不会在任何一个角落多做停留，而是不断地探索。通过这种没有开头也没有结尾的设计在一个空间模拟360度全景，事实上是可行的。同时，这个百花齐放、争芳斗艳的庭园同时也将各个元素的和谐性处理得恰到好处，你会觉得似乎有种魔力将你吸引进去。在这里，蓝天、白云、绿草，处处都是自然的气息，是驰骋心灵的天堂。在这里，你一定会卸下白天的包袱，只想好好地放松，享受自然。

设计：弗兰妮·盖吉泽斯、弗兰斯·盖吉泽斯

摄影：尤根·贝克尔

地点：荷兰

斜坡

克服由于地理位置产生的高度差，几乎对每位庭园使用者以及庭园设计者来说，都是设计过程中相当常见的问题。对于这种情况，最好的解决方法就是建造一个露天阶梯看台和一扇观赏性墙面，既可增添雅致，而且费用不会很高。当然，倘若遇到过于陡峭的坡面，这对于布局设计和工程技术无疑是个极大的挑战。

技术性佳作

资深设计师彼特·伯格（Peter Berg）和他的家人住在莱茵兰-普法尔茨州的辛齐希，它是德国最北部的一个葡萄酒酿造区。自古以来，克服极端的地形地貌将之改造成珍贵的传统文化景观就是人们日常生活的一部分。一面是艾弗尔山，另一面是阿尔山，这两座山都是地震的震尾，所以在这个地区想要开垦耕地和建造观赏性庭园都不是轻而易举的事。在陡峭倾斜的地带或者是陡然上升的泥块建一个供应冷热水、设备齐全的浴室，设计师不仅要有过硬的专业技术知识，对于室外空间的布局还要有一种特别的敏锐力。

彼特·伯格以他自己的私家庭园为例子证明了这两个难题完全可以解决，而且房子的根基绝对坚固。彼特·伯格的个人喜好决定了庭园具有简洁、环保的外形。他着重突出庭园的清新、朴素，少有不必要的装饰元素，并结合了现代流行的实用主义使整体更加出众。亲近自然的设计师将本土的文化景观和古典的风格流派融于一体，将我们带回了那个传统、崇尚正义的年代。

在设计规模适中的办公楼和顾问楼时，设计师成功地找到了现代建筑艺术和传统的梯形设计之间的完美契合点。

在陡峭高耸的地形上，彼特·伯格选择了在其横截面建造一座方形的立方体房子。他利用高科技将这个巨重的庭园主体支撑起来，而且保证它绝对不会倒塌。此外，他采用传统、大胆的方式在房屋的一侧架起了楼梯，将庭园的其他区域连接起来，从而因地制宜地实现了现代化设计观。

彼特·伯格在解决技术型问题时没有束缚自己的想象力和逻辑思维，在处理庭园连贯性问题时以其独特的远见，使作品质量更高也更加出色。他的杰作从多方面向我们证明：看似艰巨的条件，一样可以创造出奇迹。

设计：彼特·伯格

摄影：尤根·贝克尔

地点：德国

庭园设计师马克·格雷戈里认为，边界不仅仅是一道必不可少的屏障。更确切地说，它包含了被明确定义的庭园边界，同时也建立了园内和园外的联系。

我的庭园就是我的城堡

透明度概念在现代的建筑艺术中分量很重。特别是在合乎时代的办公和商业活动环境中，人们会有意识地向观看者开放并且将之融入建筑设计之中。现在的办公楼吸引人的不仅是其设计的流畅性和简洁性，更是轻质的玻璃和不锈钢材料的运用。人们会乐意地表明他们没有什么可以隐藏的，且有意表现得很慷慨大方。但是人都是有隐私的，所以，过于"坦诚"的建筑构思，用于商业环境还可以，但对于私人领域大多还是不合适的。

边界与安全感

庭园就像居住空间一样，是个极为私密的空间，为使用者提供了具有归属感和放松性的环境。所以，只有明确划出庭园的边界，它才能释放必要的安全感，经过紧张忙碌的一天，只有这种安全感才能让我们重新放松。庭园也是一个自由的空间，其开放性决定了它的自由性，故在庭园设计与建造之时就应该注意：尽管需要保障个人隐私，但也绝对不能让人觉得压抑。因此，庭园空间越小，这个任务就越艰巨。

一般比较大的庭园可以通过提供更多的设施及其布置方式来避免空间过于开放。比如说在边界种上常青的植物，可以按照使用者的意愿将它布置得生动自然一些，也可以严肃正式一点。这些树篱式设计保证了边界的生机与活力，既不会让人觉得拘谨，也不会显得与周围格格不入。但是，庭园的使用者一定要对这个绿化区每一厘米都精打细算吗？这些树篱尽管很高，可以防止有意或无意的窥探，但并不是万能的。此外，遵循法定的与邻居之间的最小距离、定期的修剪护理，这些在实践中证明，地皮的边界一般都会被忽略大概1.5米。因此，联排式庭园在建造施工时，庭园那些不可忽视的区域就应该预先计划好。边界的建造材料虽然可以选择节约空间的木材、金属或石材，但很快就会产生一种令人极为不适的"鞋盒效应"。因此，尤其是对空间非常小的庭园来说，确实需要找到为其量身定做的方案。因为只有在最优的情况下，人们才能在自家小庭园里不被干扰，自由呼吸，暂时忘记凡尘的纷纷扰扰。

图片介绍的庭园边界应用了有趣、连贯和务实的设计来演绎"隐私"这个主题。庭园以用混凝土简单砌成的一面不透明的墙体为屏障，墙上运用垂直种植系统，将植物色带（*Pratia pedunculata*）从地面扩展到了墙壁，进一步实现了不同区域的划分。

设计：马克·格雷戈里

摄影：克里夫·尼古拉斯

地点：英国2009年切尔西花展

多功能庭园结构元素

一个详尽且经过深思熟虑的规划对于小庭园的整体布局来说是很重要的。此外就是精巧的空间划分和关注度最高的材料选择。庭园的空间越有限，建筑的结构元素和植物就要更加有感染力和说服力。这样，在精心设计的庭园布局中单个的庭园组件就可以执行多种功能了。

小空间，多功能

大多数小庭园都是直接呈现在观赏者的视野中的，而且一年四季都是与居住区域同在的。也就是说，庭园是居住区里重要的构成部分之一，所以应该尽可能地展现它最美好的一面。

英国设计师——德鲁西拉·斯特瓦特和威廉·贝雷斯福尔德在2009年切尔西花展介绍了他们的作品，其设计真的极为出色。他们的"拯救英雄圣殿"以其结构多样性大获评委们的好评，最终凭借最佳创意设计和植物巧妙移栽获得了银奖。两位英国设计师呈献了一个现代式庭园，他们意欲将这个庭园设计成一个世外桃源。这个创意来源于英国慈善机构"拯救英雄"，这个机构主要是照顾那些身体或精神上受过伤害的退伍军人。他们设计这个当代庭园的目的是，让伤残者不仅能够像正常人一样享受生活，还可以自力更生。虽然庭园面积不大，但他们仍以其惊人的创造力打造出了这样一个庭园瑰宝。小庭园提供了很多供人休息的地方，同时也有足够的空间用于社交。天然材料的使用既引人注目又便于维修。植物区被设计成高高的苗畦，被平坦的天然石板围住。坚固的木块在空间里可以自由地移动，就像玩积木模块一样。你既可以根据苗圃的造型把它们布置成规则的几何图形，也可以自由摆放，整个庭园风格更加生动活泼。它们可以用于休息，当作桌子和储物架，也可以从雕塑的角度来欣赏它们。在植物方面，设计师选择了一些让人心情愉悦的暖色系花种，如黄色、绿色、红色和生命力顽强的植物。亮黄色的西洋蓍草（Achillea）和墨西哥羽毛草（Stipa tenuissima）清新的搭配，白桐木（Hebe）和红花矾根（Heuchera）的勃艮第葡萄红树叶，形成强烈的对照，却使人感到舒服。

名称：拯救英雄圣殿

设计：德鲁西拉·斯特瓦特、威廉·贝雷斯福尔德

摄影：贝内特·斯密斯

地点：英国2009年切尔西花展

从室内到室外

早期的庭园设计风格或多或少都被强制性反映建筑艺术和室内设计风格。这个基本逻辑也就只在早期的风格流派中盛极一时，对现在来说肯定是过时了。不过最近，室内与室外的连接又被放在设计的中心了。

从内到外

当英国时尚设计师谭妮亚·劳里决定要重新内外改造她在伦敦的维多利亚式联排别墅时，她已经确定，她的别墅和相连的庭园都会从头到尾发生变化。谭妮亚·劳里亚选中了一款明朗的室内设计，其外形和颜色都以朴素、简约为主。因为整个客厅只有一面是与面积只有5米×13米的庭园相连的，所以她明白，其实庭园就是居住空间在室外的延伸。

她聘请了伦敦星级庭园设计师夏洛特·罗韦进行设计，设计师知道如何巧妙地实现室内和室外的和谐交替。夏洛特·罗韦在室内采取简单优雅的装饰，以和谐的色彩连接起两个空间。小庭园选用的材料同样也适用于室内空间。因此，在一个向外扩展的居住空间，深色的橡胶地板、炭灰色花岗岩、一块由黑色鹅卵石铺成的"地毯"和简洁的植物组成了一个精致的庭园。

设计：夏洛特·罗韦

摄影：克里夫·尼古拉斯

地点：英国伦敦

217

英国与瑞典的交汇

众所周知，英国是所有庭园艺术的发源地，法国、意大利、比利时和荷兰的园艺也是妇孺皆知的，今天很多最具创意和最有成就的园林设计者来自斯堪的纳维亚，但德国却不特别出众。所以，当星级园林设计师乌尔夫·诺德耶乐已经是第二次获得最著名的梦工厂——切尔西花展的最高荣誉"最佳展园"时，已经是不足为奇了。

以大自然为模型

乌尔夫·诺德耶乐在空间如此有限的庭园实行他的方案，它的可行性让我们深深折服，这也是两个国家之间不同风格园林艺术的结合。瑞典籍设计师以一种和谐的方式将斯堪的纳维亚式设计和英国植物的诗意之美结合起来。这种两极化的设计需要具备高度的时尚感和渊博的植物知识——这两者让乌尔夫·诺德耶乐以大自然为师，从自然之中汲取灵感。他坚信他的作品会完美地向众人展示：庭园设计和大自然的紧密联系，以及属于人类文明中最具综合性的文化成果。他的设计不仅证明了尖端设计并不一定得排除传统价值和生态观念，相反地，庭园设计应该以此为基础。所以说，谁能做到这样，在现代室外空间传递大自然的精华，谁就深谙园林艺术的真谛。

设计：乌尔夫·诺德耶乐

摄影：玛丽安娜·玛耶鲁斯

地点：英国2009年切尔西花展

易清洁又雅致

现在庭园使用者越来越希望自己的庭园一年四季都整洁美观又容易维护。事实上，没有一个庭园是易于清理的，但是并不是没有方法保证小面积庭园仍然可以呈现迷人的风景。

优秀的构思后，肯定也要有相应地投入建造工作。随着时间的推移，你会发现这样一个精彩的"成本-效益-方案"将会成就一个出色的作品。

费用和功能

对于庭园业主来说，如果在准备阶段就很清楚地知道，自己既没有空闲的时间去打理，又没有兴趣去提升庭园的品位，也不想花过多的钱装扮植被区，那么从一开始就应该确定一个合理的开发方案。出自科隆布丽吉特·勒德设计办公室策划的这个分区明显、朴素高雅的庭园方案证明，一些设计上的小缺陷应该明确标志出来。

前庭必须经常保持整洁雅观，但是庭园有些工作确实是不必要浪费精力的。此外，人们可以通过庭园的设计风格领悟到一种明确的思想。事实上，人们最应该表达清楚的就是庭园的建筑风格。布丽吉特·勒德的设计不仅是体系结构上的平衡，同时还契合了使用者的需求。整个布局不仅集成了一种高度美观的直线性，这种直线性是通过使用一流的材料和在布置外观时采用连贯的处理手法形成的自己特有的品位。布丽吉特·勒德的构思是，整体以高超的矩形变体为特点，再加入一些修剪植物和清洗护理面积非常广泛的铺砌区和池塘。所以，只要人们愿意，在建造之前先进行专业性的规划和设计，选用高质和雅观的材料，建成这样一个典型和永恒的庭园完全不是天方夜谭。一个时尚雅致同时又易于护理的庭园有了

庭园护理基本原则

- 一个宽敞的外观和协调的庭园构成元素便于护理，看上去也显得古典、高雅。

- 所有采用的材料应该是优质的、耐用的。随着时间的推移，劣质的材料会变得灰暗和不雅观，而优质的天然材料则会越用越有价值，给人一种历史悠久、古色古香的感觉。

- 选择植物品种时，应该选那些生命力顽强、生长缓慢的植物，这样园主就可以省时

- 省力，不必经常修剪和做一些不必要的移栽。

- 永恒、简洁的庭园设计不会被当下一时的流行所影响，而是经得起时间的考验。

名称：塞克家氏庭园

设计：布丽吉特·勒德

摄影：尤根·贝克尔

地点：德国

放缓脚步

对于小型庭园来说，尤其重要的是在装修时不仅要在视觉上引人注意，而且要给使用者提供尽可能多的积极体验空间的机会。一个庭园，无论大小，如果没有神秘性，没有让人想要一探究竟的欲望，那么肯定会很无趣。因此，只有通过出色的设计，才可以赋予小庭园足够的神秘感，带给参观者独特的体验。

指导性的设计

众所周知，小路可以引导观赏者游览庭园。这些简单的理论在设计小庭园时完全可以采用。有人认为，在一个特别大且位于庭园中心的空间里种上绿色的植物能够让人产生一种空间很大的错觉，其实这是一种很常见的错误的认知。倘若如此，整个庭园的景色在人们的视线内将会一览无遗，更别说激发人的兴趣去了解它，甚至有的观赏者将会直接离开观赏台。但是，如果在空间划分时能够避免过于直接的布局，而是以一条优雅的小径作指引，那么观赏者便会感觉到整个小庭园似乎都在热情的欢迎着他们的到来。

小径的用途

在日本传统的戏剧中，演员的活动可以反映时间的推移。这种哲学思想被融入了东方部分地区的园林艺术之中。事实上这种做法可以将剧情慢慢地、在适当的时间向观众讲述。因此，小径的独特设计不止是一个纯粹的设计元素。

小径的设计不仅要充分考虑它的位置、宽度和方向，还要参考铺盖材料的特质和布置方式。地面上通常铺设的石板路，或者是由不规则的、大小不同的石板组成的，或者是由一定距离的缝宽隔出来的石板铺就而成。此外，在一些着重设计的地方，特别是石板路，因其大小或者位置适宜，常常会让观赏者放缓脚步，放宽视野，尽情地欣赏庭园的美丽景色。这样，精心设计的小径不仅可以达到让使用者来庭园散步的目的，而且可以从多方面增强游园的趣味。

图片中的庭园是位于杜塞尔多夫附近的一座小庭园，它告诉我们传统智慧的结晶同样可以使用于现代西方园林设计之中。庭园设计师和景点建造者运用无边际的直线，融合极富美感的极简主义的概念，创造出这么独特的辛齐希庭园风光，弯弯曲曲的小路更是让你沉醉于美景之中，流连忘返。

设计：彼特·伯格

摄影：尤根·贝克尔

地点：德国杜塞尔多夫

位于英国东南部的埃塞克斯郡的"马克庄园"
被誉为创新与传统园林艺术的创意库。其实，
很多优秀的设计同样适用于小型庭园。

英式创意库

马克庄园被视为英国园林艺术界的一颗明珠。这座位于英国东南部的传统建筑证明，历史悠久的庭园只要与时俱进，融入创意构思，一样还是可以成为令人称奇的新奇之作。这座不可思议的宏伟建筑从多方面阐述了如何运用各种不同且娴熟的手法来处理传统建筑。马克庄园完美地结合了现代设计与传统价值观，所以说，它能够成为园林界的瑰宝并非浪得虚名。当然，这里提到的很多庭园创意在空间面积有限的庭园也是适用的。

外观和材料的联系

马克庄园的"厨房式花园"(即带有厨房家具的花园)早期是有围墙围着的，但这座复杂多样的"围城"如今已经被划分为五个有名的独立区域了。这座面积约8 000平方米的庭园有一部分空间其实从十八世纪就被闲置了很长一段时间，直到新世纪之初才又被重新装修。庭园创意热爱者不仅保留了马克庄园古色古香的结构，将之改建成博物馆，而且在2003年年初开始对外开放，向大家展示了一个创新、充满创造力之美的庭园。

在这座庄园的正门口，设计师采用两种材料的简单搭配使之成为一道独特的风景，以此来吸引参观者的目光。精简的造型和布局将朴素无华的天然石砖和草坪紧密联系起来，形成一处赏心悦目的庭园风光。草坪和石砖相互交错，被布置成几何图形，整体看起来就像是由矿物质和有机物质组成的数学几何体。人为拼凑出来的对称性和分散性形成一个捉摸不透的排列布局就像是一个迷局一样，充满了吸引力。庭园风景的塑造形式有很多，但这种开放性的表达方式不得不说是迷人的，尤其是后面那个象征着年代记忆的泥塑更是增强了整体的魅力。

借鉴私人庭园

众所周知，庭园的宽敞不只是由其本身的实际面积决定，而且也受制于设计师的设计理念和设计水平，因为很多构思转移到一个小空间后同样可以达到像大型庭园的效果。因此，一个内院或者本案所提到的设计方法就可以提升整个庭园美学上的和谐感觉，更加引人入胜。当你还在为自家庭园布局设计冥思苦想时，你应该上网搜一搜，拜读一些大型庭园设计杰作。很多时候，很多构思的交叉引用可以达到意想不到的效果，比如说坚定你自己本来的想法或者是提供新的构想。

名称：马克庄园

设计：舍奈希景观设计师事务所

摄影：克里夫·尼古拉斯

地点：英国埃塞克斯郡

不同的观点与角度

基本上任何地区的庭园里每个创意区域都会受到各自时代潮流的影响，也许这种潮流更正确地说是划时代的潮流。因为即使经过几百年的沉淀，那些和谐而又具有独创性的设计直到今天仍然具有重要的意义，仍然让我们嘘唏不已，令人陶醉其中。所有让人们倾心的设计都可以保存下来，即使我们看到的已经不再是最新的、最时尚的设计式样。

历史的比较

仔细地回顾园林艺术的发展历程，我们不难发现，庭园的风格就像当时社会的一面镜子，闪着折射的光芒。巴洛克式庭园比文艺复兴时期的庭园严肃的外形还要夸张与奢华，说起来洛可可式的艺术形式甚至都要甘拜下风。这个时期的园林艺术其实还处在与大自然对抗的阶段，因为那个时代的人认为人定胜天，人类才是宇宙的主宰者。几个世纪以来正是这种专制与自负的统治思想使得当时庭园的植物与外观，都毫无例外地带着与自然生态较量的意味。因此，这个时期的庭园将很多价值不可估计的生态景观拒之门外。当然，在当时人文思想复兴的时代背景下，这种行为是可以理解的。

随后的毕德麦耶尔时期开始提出反命题的庭园构思，庭园布局不再排斥自然景观，而是利用自然风光，塑造出具有浪漫气息、理想主义的庭园景色。所以，一个成功的庭园就应该描绘出理想化的自然风光，这个原则直到今天仍受推崇。

其实，在人们对自然生态的排斥突然转为欣赏的过程中，还是存在着疑问，如果我们不在庭园里建造不具威胁性的自然景观的话，它是否能够一如既往地合乎时代、顺应潮流，这是值得商榷的了。

两相平衡

生活往往就是妥协。一方面，我认为创造具有惊人的魅力，它可以天马行空地构思出无数个简单的庭园设计方案。但是另一方面，设计师还要考虑在每个庭园里结合自然景观，并且还要保证这些创意具有一定的创新性。今天，在所有的庭园建筑中，生态意识肯定是不可或缺的，现在的庭园就是自然生态的回归与缩影。只有做到人工与自然相互结合与两相平衡，我们的下一代才会更加尊重自然，也才会使庭园具有更多独特的时尚感。

比利时现代庭园就是秉持这种基本态度的极佳典范，没有使用人工草皮，而是尊重自然，加入生态元素，也没有偏离庭园原本的特性。

设计：斯蒂恩·费尔哈勒

地点：比利时

摄影：尤根·贝克尔

英国园林设计师夏洛特·罗韦在她简单又引人
注目的设计中实现了容器与植物的完美结合，
也衬托出了整个小庭园的品位与高雅。

耐看的容器植物

众所周知，盆栽植物和桶栽植物一直都是很多庭园设计中一定会采用的元素。特别是可以在露天平台、内院或者庭园里某些特定的放有容器的区域里种上喜欢的植物。庭园里经典的桶栽植物有很多，如夹竹桃、三角梅或者百子莲（紫君子兰）等等，尽管有这么丰富的植物品种可供选择，但是庭园盆栽区域的布置重点是那些生命力顽强、可以越冬的植物。

适合的植物和容器，耐寒盆栽植物的设计与布局才能算真正的"一劳永逸"。

与时间的较量

很多庭园使用者都认为，对霜冻敏感的植物都是不能抗霜冻和越冬的。郁郁葱葱的地中海和热带植物虽然可以凭借自身的优势在庭园里生长，但是它们护理起来确实不容易。即使人们选择了一些适合越冬的植物，但是要运输又大又重的容器也是一个大问题。

其实，现代园林布局越来越喜欢在盆栽区种抗霜冻植物是一点都不奇怪的。你看，耐寒容器植物不必经常搬动，而且还可以使整个空间更加大气。既有利于植物的生长，又可以降低护理的频率，何乐而不为！

这种容器植物同样遵循一年四季的生长规律，所以在夏天你可以欣赏热带风情，冬季同样可以感受萧瑟和冷清的冬日情调。

只要遵守一些基本准则，在桶、槽、盆成功种上多年生植物其实不难。只要选择了

种植耐久容器植物小贴士

- 容器越大，植物会感觉越舒适。

- 在选择容器时应该确保其有足够的抗冻性和耐久性。双底容器可以保护植物的根部，免受霜冻和强烈紫外线的伤害。

- 想要植物一直健康生长，除了具备良好的排水设施外，植物的栽种土壤也是至关重要的。商业上通用的栽花的泥土几乎都是有机的配料。这些有机物会迅速分解，并有可能会导致植物枯萎。但是，一些矿物质，如熔岩土，里面的某些成分可以使土壤保持结实，并始终保证足够的空气。

- 通过稳定的、专门为盆栽区域所设计的施肥、护理步骤，可以保障均匀的养分供应。

- 使用规格一致的容器和栽种同种植物组成队列，可以增强庭园的祥和感和协调性。

设计：夏洛特·桑德森

摄影：克里夫·尼古拉斯

地点：英国伦敦

英国园林设计师夏洛特·桑德森非常重视细节的协调性,认为这样可以使她的庭园构思更加精致。

注意细节

庭园的质量，无关乎规模的大小，它始终是由部分组成的整体来决定的。可以肯定地说，不同材料和式样的巧妙组合及整体的布局，都决定着庭园的整体形象。总之，庭园的整体设计一定要和谐匀称，空间的整体布局与庭园业主对整体风格和功能的要求更是需要相适应。除此之外，有时精巧的结构和精美的细节也决定着庭园的价值。

明朗的设计没有悲伤

在现代建筑和室内设计中，精简流畅的外形仍然是我们当前的时尚与主流。这种既经典又现代的布局与简洁的材料运用当然也适用于园林建筑。特别是当有房屋建筑作背景之时，更充分说明了，将一个精简的庭园视为居住空间的缩影与延伸是完全合乎逻辑的。

造型越清新明朗，空间划分越简单，整体的布局就应该越纯熟与细致。否则的话，这种极简主义就会变得异常的沉闷与枯燥。荷兰"现代主义之母"米恩·雷斯创造了如何绝妙地将流畅的现代风格与精致讲究的设备相协调，组合成迷人的庭园风光的方法。即使年过七旬，这位园林专家仍然投身于户外设施的现代设计。如今，她被认为是成熟的结构主义园林美学艺术的开山鼻祖。事实上，米恩·雷斯的伟大就在于她总能够有恢弘的设计构思，但也从不忽略细节的重要性。也许你听起来觉得很简单，但是这么卓越超群的现代庭园构思肯定是需要对

设计有强大的自信心与天生的敏锐感。

和谐的稳定性

英国园林设计师夏洛特·桑德森遵守庭园设计的必要原则，向我们展现了一个布局鲜明的都市庭园。从她的设计可以看出，庭园的整体很匀称，在材料的使用上也选用了高质量、经久耐用的材料。在这个小而精的户外空间里，夏洛特·桑德森采用了典雅、平坦的石灰石阶梯来克服地理上的高度差并在阶梯的每个宽敞的梯面都种上剪成几何形体的黄杨树，这个技术上的细节是整个庭园设计最重要的标志，提升了整个庭园的格调。通过绿色植物的递升排列，夏洛特·桑德森还在阶梯旁边的区域与庭园的后部重复使用裁成方形的黄杨树，使之形成一个规则的草垄。

设计：夏洛特·桑德森

摄影：克里夫·尼古拉斯

地点：英国伦敦

"住"在小庭园

纵观过去的庭园，很多纯粹只是象征性地装饰一下，或者是种一些很常见的水果和蔬菜，和今天的庭园使用者对他们的绿色王国的要求完全不同。如今，又兴起了一种潮流，就是使自家庭园能够变得更居家一点，而且这种潮流越来越被人们所接受，用英语的时尚叫法是"Outdoor Living"，即室外活动。人们可以尽情地在庭园里自由活动和享受生活。所以，由此看来，现代庭园的概念即满足园主所有要求的室外空间。换句话说，庭园就是像客厅一样的地方，可以休息、接待亲朋好友，可以用作餐厅、厨房，也可以在庭中睡觉、读书、嬉戏抑或享受自己的业余爱好，只要你想，庭园就可以拥有这些功能——完全可以根据使用者的个人喜好自由调整。

基于这种潮流，市内或者是城郊数量不断增加的小型庭园无疑是给现代园林规划提出一个新的挑战。因为在那么一点点空间里，设计方案必须同时满足独特的庭园风格和多样化的使用功能这两个要求。

下文会以不同的方式、从不同的角度着重介绍一些著名设计师令人惊叹的设计作品，他们即使是面对再小的庭园仍然能塑造出实用、时尚又具独创性的庭园来。巧妙的布局与合适的植物同新式的设计概念与现代的使用材料一样，在庭园设计中都扮演着很重要的角色。

设计：德尔·布奥诺、加策尔维茨景观设计室

摄影：玛丽安娜·玛耶鲁斯

地点：英国伦敦

室外活动

正如我们所见，在我们这个时代，与庭园规划息息相关的就是"室外活动"。庭园已经组建成一个被积极使用的生活空间。人们几乎将所有居住空间的使用功能搬到外面来了，除了室外厨房、室外儿童天地、室外健身区和室外工作室，甚至还有室外兼容的卧室和浴室。最终，即使是有着悠久历史的多功能庭园，都远不及当今的室外活动夸张。总而言之，所谓新式的概念与设计就是塑造一个多功能露天空间。

经典风格元素的借鉴

比利时设计师斯蒂恩·费尔哈勒的园林设计工作室"Exterior"不止是一个公司名称，更代表了一种艺术设计项目。仔细分析斯蒂恩·费尔哈勒的造园特点，再联想"Interior"（室内）这个词的意思，我们就可以明确得知，庭园内的布置或者是空间装潢，就是直接引用借鉴室内空间设计的经典风格元素。

因此，我们可以看到，比利时的园林设计尽管"年轻"，但一直在前进，在发展，它将自己从过时的结构主义中解放出来，转而积极关注庭园的功能性。

斯蒂恩·费尔哈勒透过此作品，向我们展示多功能性的庭园空间，其实与室内设计有异曲同工之妙。首先，他采用两面高度不同的木板墙定义出这个小庭园空间，甚至还利用花架为庭园搭建出一个"屋顶"。斯蒂恩·费尔哈勒以简单的直线连接起两面木墙，接着让葡萄藤蔓（*Vitis vinifera*）顺着低木墙上的竖杆往上爬，然后在竖杆与直线的连接处拐弯，使其平铺在大半的直线上，这样就将葡萄藤蔓布置成了一个直角模型了。这样，一个雅致的空间就被打造出来了，只要再摆上一些实用的木质座椅和一张宽大的石板长桌，便可以成为一个简易的室外餐厅或者是客厅。斯蒂恩·费尔哈勒在地板的设计上也是花心思的，他选用了奶白色的碎石铺成一个人造地板，突出强调了这个庭园"和谐"的特质。此外，在庭园中，除了这个休息设施之外，斯蒂恩·费尔哈勒在石桌的一侧还种上了耐寒能力较弱的芭蕉树（*Musa basjoo*），既可以作为室外植物装饰，又营造了一种热带氛围。

邻近庭园中的两棵茂盛的紫叶山毛榉（*Fagus sylvatica* Purpurea）刚好成为这个室外空间的背景，使得整个庭园给人宽阔的感觉。斯蒂恩·费尔哈勒无疑是个很优秀的设计师，经过巧妙地处理，他让整个空间和背景完成了一次完美的合奏，同时用精辟、简洁的色彩使空间主题跃然纸上。茂密中带着光泽的黑色沿阶草（*Ophiopogon planiscapus* 'Nigrescens'）其叶子不仅和座椅的黑色软垫遥相呼应，更与座椅相得益彰，且由黑色沿阶草形成的一条植物带位于露天排水道的前面，正好可以全年反映水位。

事实证明，只要构思正确，在这么一个户外生活空间享受新功能带来的乐趣与兴致，享受符合自己风格的庭园生活，不是难题。

名称：罗特更斯家氏

设计师：斯蒂恩·费尔哈勒

摄影：尤根·贝克尔

地点：比利时

用途与设计

魏玛包豪斯大学的一位创始人在1919年的成立宣言中如是呼吁："所有创造性活动的最终目的是建筑"，沃尔特·格罗庇乌斯的创意团队通过快速发展的现代化教育模式，运用他们的创造性而形成的大量灵巧的作品，即"高度艺术性的"的设计，从而也提出了成熟的、独特的机能主义。事实上，很多经典的艺术造型、建筑风格和工艺美术都因其合乎逻辑的设计语言和流畅的设计思维流传至今，也对今天的多种设计形式产生了深远的影响。

材料、形式与功能的统一

提到和谐统一的庭园布局特点，就不得不提被誉为"切尔西金星"的克里斯托弗·布拉德利·霍尔。在本案中，他选用了多种花色的植物品种来布置庭园外围，以确定庭园的外形及功能分区，也实现了精妙的空间布局与优质材料的巧妙结合。设计师首先将与庭园相连接的地方用连贯的基板围合起来，圈出庭园的边界，这样，他就可以在庭园所能提供的面积直到地皮的边界的这个范围内大展身手了。接着设计师用时高时低的砖墙围出草坪的轮廓，使周围的事物立刻变得清晰与立体。再者，露天平台、苗圃和草坪被设计师用相同的材料布置在不同的平面上。周围的装饰植物郁郁葱葱，大小不一，衬托出既可作为座椅又可作为区隔的砖墙的多功能性。精心修剪的植物和设计精巧、表面磨光的砖墙绽放出独特的艺术内涵，从而提高了整个庭园的品位。

设计：克里斯托弗·布拉德利·霍尔

摄影：克里夫·尼古拉斯

地点：英国伦敦

室外乐趣

私人庭园是一个私密的空间。在这里，庭园主人可以根据个人喜好随心所欲地享受生活，将个人想法和需求付诸实践。因此，庭园的设计方案越简洁，供使用者娱乐的方式则更具多样性和创意性。

简单的概念

科隆的景观建筑设计师布丽吉特·勒德在设计索林格的私人庭园时就遵循了传统的线性设计理念。其庭园布局是通过外观和各个组成元素的协调整合而形成的，所以纯绿色的庭园并不缺少色彩对比，也不是因为面积小的问题。

设计师采用简单且醒目的手法，在成型的庭园布局中把高树丛有规律地连成一排，从而组成一条中轴线。这些被修剪成方形的植物等距离排成一行，由于并没有违背整体格调的一致性和连贯性，因此毫无杂乱的感觉。而植物选用的是生命力顽强的芒草 (*Miscanthus sinensis*)，设计师将其修剪得相对有些高，且把整体分成两个部分，创造出一种明朗的艺术风格，故这条中轴线的作用也是显而易见的。

由于房子的主人罗尔夫·费尔科特本身从事的也是创意设计，因此他肯定知道，作为一个成功的建筑师，创造力就像流动的血液，他的创造力刚好可以用来实验布

丽吉特·勒德的设计构思，建造出一个戏剧舞台般的庭园。

使用非限制性的庭园元素

不同的职业有不同使命，而建筑师不仅要寻找实现创造性的解决方法，还要开创建筑艺术的新思路。新事物能够激发新思维，本着好奇的天性，人们总是在探寻着未知的事物，所以即使是再厉害再精明的设计师，在自家庭园里也会慢慢摸索和思考。

毋庸置疑，禾本科植物是创新概念中必不可少的元素之一。他们介于人造形式和看似不受控制且依然保存自然本色的有机形状之间。因此，对于设计简洁的室外空间来说，其造型设计和优雅曲线使之成为观赏植物的最佳选择。事实上，艺术家在他们的作品中对植物的异构表现方式所体现的价值观，让我很迷惑，到底是保持其原有的外形呢？还是要将自己波涛汹涌的热情寓于其中？这确实是一道矛盾的选择题。

而设计师选择打破这组植物原来的造型，并把它们修剪成立方体的小树丛。最终，被修饰过的立方体芦苇芒草起到一种全新的、大气磅礴的观赏效果。

庭园：罗尔夫·费尔科特庭园

设计：布丽吉特·勒德

摄影：尤根·贝克尔

地点：德国

凭借出色的设计理念和精益求精的建筑方式，马克·格雷戈里在2008年切尔西花展一举夺冠。

小空间，高要求

对于园林规划师马克·格雷戈里来说，设计一个主题展示园参加2008年切尔西花展，确实不是一件容易的事。其设计作品"儿童之家"证明即使在最小的空间内也能创造一个有吸引力的花园。在那里，不仅儿童有足够嬉戏的空间，同时也保证了他们能在这个小空间里与自然同呼吸，与植物共成长。

更多创意难题

首先，要在已经规定的、面积非常有限的园林空间内设计常见但不可缺少的元素，如垃圾箱、雨水收集池或自行车的存放空间。对于这些要求，马克·格雷戈里的理解是，在这样一个空间，不仅要能够满足年轻一代的所有需求，还要勾勒出和谐的庭园生活。

无关乎面积之大小，只要庭园具有可塑造性，经典园林的设计构思一样可以借鉴。在这个舒适而又雅致的庭园内，马克·格雷戈里让垃圾箱取代单调的草地，成为空间主要元素。首先，他用天然的木镶板定义出庭园的边界，既包围住宅楼，同时也覆盖了通过精心设计的雨水储蓄池。细心观察，我们便会发现，多余的水将会顺着裸露在大气中的玄武岩墙壁汇入地上的蓄水池。这个设计不仅看起来妙不可言，还额外演绎一场听觉上的盛宴，让人不禁拍手叫绝。再者就是地面，他在一边铺上明亮的砾石，另外一边则选择了天然石材，两者结合，既易于维护又环保。

从材料的重复使用上来看，蓄水池也是另外一种意义上的"垃圾箱"。在本案中，马克·格雷戈里成功地将几个必要的日常元素，如蓄水池、垃圾箱、木材等优雅地融合为一体。而房屋采用的竖直水平木板，既营造了一种积极的视觉效果，也隐含着实用的消费价值观。

在房屋左边，他用大小、高低适宜木板做成极具实用性的座椅，旁边的小屋，不仅在雨天可用于躲雨，而且通过巧妙地安装，自行车也可存放于此，一点空间都没有浪费。

巧用的植物

在种植苗圃时，英国人倾向于选择自然的而且易于打理的植物，它们不仅四季分明，而且养护成本较低。作为英国人，设计师在这个院子里种了两棵伞状的槐树（*Sophora japonica*），夏天它们会投下星星点点的光斑，但并不会给这个有限的空间造成压力。

为了在这个小空间内塑造出最高水平的绿化，马克·格雷戈里采取传统的做法，让植物攀爬在墙壁上。同时，他在玄武岩墙周围"帧裱"上坚固的多年生植物，使之成为一件充满生机与活力的艺术品，所谓锦上添花，大抵就是这样。

名称：儿童之家花园

设计：马克·格雷戈里

摄影：克里夫·尼古拉斯

地点：英国2008年切尔西花展

庭园——养生之地

历史总是向前发展的, 对庭园功能的要求也会随着时间的推移发生显著的变化。

一个有孩子的年轻家庭, 最初对于这个有限的空间的要求只是希望能拥有与其他家一样普通的设施, 如儿童游乐区、菜园和烧烤区, 但我们清楚的知道, 这些年来, 人们在对绿色户外空间的态度上已经发生了极大的转变。

地。这个小型庭园, 用水平板条木围合起来, 不仅具有极高的严密性, 起到了保护隐私的作用, 更重要的是, 并不会使整个空间显得拥挤。这也证明了, 明朗的空间分割可以为人类活动和绿化面积提供足够的空间。再加上这个和谐的户外空间通风、明亮, 无论从哪个角度看都是灵魂理想的栖息之地。这种和谐一致、极具代表性的健康空间的建立为人们提供了一个可以放松、庆祝和思考的空间。

庭园——我的绿色王国

想象一下, 如果孩子出生在一个不能玩秋千, 没有戏水池, 也不能体验木炭烧烤的庭园里, 这会是多么遗憾的事情, 所以为了给孩子们留下一个美好的童年回忆, 我们从现在开始可要去探索新的庭园设计了。

诚然, 经过这么多年的发展, 很多实用的庭园设施也逐渐被人们淘汰了。一个成功的园林规划应该让使用者对这个户外小空间产生深刻的印象, 让人百看不厌。这个案例中, 设计师在房子后面的那片草坪的前面, 打造出了一个典型的"绿洲", 既提供了足够的社交空间, 又为庭园主人提供一个可供沉思与休息的静谧之所。所以说, 只要选用适宜的风格和正确的方法, 小庭园必定可以超越生活区的意义, 成为大自然的艺术作品。

通过适当的材料与植物的使用, 就可以创造出这样一片既出彩又易于护理的小天

建造舒适庭园小贴士

- 结构明朗、流畅的空间布局可以提升整个庭院的祥和感。

- 在庭园的后部, 应该设置一个景点吸引参观者的眼球, 挑起他们想要一探究竟的兴趣。

- 即使在空间有限的情况下, 座椅和小路也应该设计大方, 且必不可少。

- 所有建筑构件都采用明亮、自然的材料, 可以使整个空间看起来更大, 更有亲和力。

- 在庭园的中心设置观赏植物时, 应该选择种植繁盛的植物, 因为它们似乎更富于表现力。

- 庭园需要有常绿的自然气息, 最好是可接受修剪的灌木, 且生命力一定得旺盛。

- 植物的选择应包括强壮结实的、易于打理的植物, 即使一段时间不打理都仍具有吸引力。

设计: 夏洛特·罗韦

摄影: 玛丽安娜·玛耶鲁斯

地点: 英国伦敦

米歇尔·泽米尼在普罗旺斯这个充满宁静与轻松的地方设计了这个美丽的庭园。坐拥南国风情，即使庭园面积窄小，优秀的设计也是信手拈来。

梦回南国

在阴冷潮湿的中欧，将地中海的气氛带回家，是一代又一代的园林设计师一直以来的梦想。这也难怪，只要谁曾经置身于经典地中海庭园丝绒般柔软细腻的拥抱之中，谁曾经呼吸过南欧风情园林的芬芳香气，心里肯定会涌出"甜蜜"的冲动，再次梦回南国。

小庭园的地中海风情

在地中海地区，享受地中海式庭园难以言表的魅力，更是出奇地容易实现。首先，整体布局即使可以达到预期的效果，但是一个连贯的构思是必不可少的。但这远远不够，比如在庭园里种些薰衣草，每个地方至少得做一些适当的装饰。也就是说，整个布局都是按照设计思路来完成的。这个普罗旺斯庭园在诠释一个时尚的设计，同时，设计师亦能在地中海的户外空间毫无负担地提笔挥毫。喜光的树木下面放着座椅，结合剪成经典造型的植物，再融入简洁的调色板，形成和谐的整体，一年四季都让人心情舒畅。对小空间的庭园来说，尤其是当它们对外封闭时，是非常适合这种风格的。最理想的情况就是庭园的风格能够与整个建筑和室内空间布局一致。这样和谐的住宅区和庭园才能让使用者的精神与心灵时时刻刻在这个"天堂"得到抚慰。

地中海式庭园设计小贴士

- 砾石和天然石材在完美的地中海式庭园的设计中一定要出现，否则就不能称之为地中海式。

- 静态形式的相互作用，柔软的、飘逸的或粗犷的元素保证了整体的和谐，也可以消除沉闷的气氛。

- 保证植物具有足够的抗霜冻性，最好与地中海植物典型的生活习性相似，即使在恶劣的天气也可以无忧无虑的越冬。

- 盆栽、桶栽在外形和材料选择时应该参考经典的方案，且要布置得大气一些。

- 地中海式庭园里种上的植物能散发缥缈的草药香味和开花植物的芬芳，算是一场嗅觉上的旅行。

- 简练的颜色和形状，营造落落大方、干净利落的空间氛围。

- 高大、喜光的树木可以过滤光线，从上方将庭园与外界隔离。

- 修长挺拔的常绿灌木就像支柱一样，增强了庭园的立体感和结构性。

设计: 米歇尔·泽米尼

摄影: 克里夫·尼古拉斯

地点: 法国普罗旺斯

温暖的壁炉让你忘记时间

如果你生活在一个充满活力的城市中心地带，只有一个很小的后花园那么你就要好好盘算一下，你的庭园有哪些功能要求是必不可少的。如图所示，这座庭园的主人应该确定，他们想要的不仅是在清冷的夏夜依然可以感受温暖，且是一个生活舒适，但风格放松的地方。此外，整个庭园应该确保一年四季都能散发无穷魅力，因为庭园里的每个空间几乎都是可见的。

全年充满热情的户外天地

这座位于在伦敦中心而且空间有限的庭园，在规划设计师通过设计发生转变之前，是一个比较暗的地方，根本就不能让参观者驻足。

首先，4米高的围墙就已经将空间有限的缺陷暴露出来了。因此，庭园需要全部推翻并重新设计，彻底改头换面。经过设计，整个庭园俨然就是一个超大的室外壁炉，不仅能在某些寒冷的夜晚享受舒适而温暖的休闲时光，同时也打破了高背墙的主导地位。再者就是明亮、亲切的材料的运用，葡萄牙石灰石和珍贵的木材，为这个灰暗的庭园带来光芒。最后，设计师有意在庭园里种上那些非同一般的常青树，如海桐（*Pittosporum tobria* Nana）、万字茉莉（*Trachelospermum jasminoides*），它们在调节城市气候方面作用巨大。温柔地摆动着腰肢的柳枝（*Panicum*）似乎正轻轻地告诉您这个庭园确实是个适宜于静思与放松的绿洲。

设计：夏洛特·罗韦

摄影：玛丽安娜·玛耶鲁斯

地点：英国伦敦

第四元素

每一座庭园都在不断吸收新活力来提升自己的魔力。大自然中显而易见的元素如水、土壤和空气，它们在庭园中的作用不言而喻，但是别忘了，自古以来，人们对火就有着深深的痴迷。想象一下，在燃烧的壁炉前，你可以一坐就是几个小时，沉醉于篝火的温暖游戏之中，多么温馨的画面啊！所以，壁炉这个元素在庭园设计中很受欢迎，是可以理解的。

庭园——释放压力的天地

现代社会是学习型社会，人们的生活就是一种充电与放电的循环过程。人们穿梭于各种会议、聚会，处理一大堆"不人道"的工作、电话和电子邮件，更要关心家庭和家人。其实每天这么忙碌，下班后一身轻松地坐下来看电视是一件极为奢侈与舒适的事情。无数的医学研究和越来越多新的文明病证明，这种生活状态从长远来看对健康是非常不利的。

庭园或许可以解决这个问题。事实上，绿色户外空间的功效是毋庸置疑的，特别是在尔虞我诈、物欲横流的现代社会，其作用更是显得尤为重要。所以，人们把庭园建成解放压力的空间是非常明智的选择。说到庭园用于释放压力的方式，自然是多式多样的，关键是看庭园使用者的需要。举个例子，如果使用者属于工作压力过重的类型，那么他可以试着在庭园里修剪草坪或者是做些除草工作，因为当他在做这些园艺的时候，就不会再想到工作上的烦心事了。当然，这种个性化需求，

必须在庭园规划时就已经考虑到。既然庭园有这个功能，那么每一个庭园都可以考虑设计一个纯粹用于放松的区域。在这个案例中，英国设计师克莱雷·梅通过简单的装置设计成就了这么一个可以放松的地方。设计师曾经去过喜马拉雅山，这个庭园的设计风格也明显受到了这段经历的影响。

作为一个园林规划师，克莱雷·梅很注重客户的个性化需求。所以当客户对庭园设计风格提出要求时，为了使设计效果更佳，作为公司的老板和首席设计师的她，二话不说马上收拾行李前往不丹，开始一段释放压力之旅。

为了保护隐私并尽可能的提供足够的独处空间，她把庭园用粗木梁和竹席围起来，使整个庭园变得更为简单、隐密。宽敞、朴素、不受天气影响的木材做成的长椅围绕整个庭园，占了很大一部分。再在座椅上放些抱枕，既形成雅致的装饰景观，又可享受温暖的夏夜。其实，这个可用于放松和会见等的场所的中心是一个简单的火炉，是这个庭园的第四个元素。对于地板的设计，设计师选用的是非传统的混合材料，如天然石板、木板条加上白色鹅卵石，既新奇又大方。尽管植物面积大大减少，但是，通过种上不同种类的竹子和常绿的枇杷树（*Eryobotria japonica*），同样非常鲜明地突出了亚洲主题。

设计：克莱雷·梅

摄影：玛丽安娜·玛耶鲁斯

地点：英国伦敦

一样的庭园景观，不同的设计出发点

这个案例和前面的设计实例显示，即使两个极为相似的庭园拥有同样的设计构思，但还是有很大的不同。这个庭园的基本构思是设计一个可以解放身心的空间，大气的座椅或躺卧椅的设计，目的就是突出置于中心的火炉，与上一个案列所提到的庭园构思是一致的。但其实两者的设计出发点是完全相反的。相同颜色的选择，类似材料的运用，两个非常成功的伦敦庭园设计师却构造出了显著不同的效果。

从冥想休息地到时尚休闲室

不管是克莱雷·梅还是夏洛特·罗韦，这两位设计师都是以高度个性化的园林规划来满足客户的需求而闻名。所以当你往下看的话，你就不会觉得奇怪，为什么克莱雷·梅的亚洲风情设计和夏洛特·罗韦的建筑艺术内涵迥然相异。原因就在于，本案业主希望自家的庭园能够满足全家人的要求。很明显，本案设计就考虑了业主两个十几岁的女儿和其朋友们的欢聚需求。不仅有利于放松身心，也足够自由时尚。当这个极富美感的庭园，与头际的需求发生冲突时，夏洛特·罗韦还是如此完美地完成了业主所赋予的任务。肯定地说，这有赖于设计师的天分，但也离不开一个明确的功能规划。

设计：夏洛特·罗韦

摄影：玛丽安娜·玛耶鲁斯

地点：英国伦敦

期望

我们到底期望从庭园得到什么呢？这确实是个很关键的问题。庭园，是追逐平和与适于沉思的地方，也是主人品位的反映与标志。

庭园作为一个艺术平台，在这个舞台上使用者可以自由发挥，它也可以被视为植物群和动物群的小小家园，或者是更简单地，只为纯粹的享受。特别是对于一个时尚现代的庭园来说，观赏者最关注的莫过于园林的思想与内涵。这种务实性的态度，不仅是可以理解的，更符合逻辑与时代的发展。

时代在发展

对于忙碌的人来说，使用小庭园时就得仔细考虑自己的需求和庭园的具体情况。特别是普通的年轻人，既没有充裕时间，也没有过多的资金来打理庭园。此外，可供建造园景的面积往往是非常有限的，而且对多数年轻人来说，于黑暗的夜晚，在庭园内烤香肠的幸福感早已遗失了。想要改变这种观念，就要精心设计一个舒适的户外空间，即使空间面积小，但仍然拥有时尚的外观，而且施工简易，投资成本低。

英国庭园设计工作室WHC与我们分享了这样一个创新、零维护的设计案例，在这里无论什么时间都可以用来放松或个人聚会。设计师维尼阿特·许泽和帕特里克·克拉科自1996年以来，就在小城市庭园以及面积大约为8 000平方米的公园设计领域不断提出新的设计理念。

现代化理念的转换，并没有违背传统的设计原则。整个空间通过一些不透明、极高的木材清晰定义出庭园边界，营造出一种幽雅的氛围。首先，设计师通过横向和纵向板条的相互作用，使得外界无从窥探庭园的世界。其次，就是比例均衡、大小适宜的色彩区的划分，可以根据自己的心情随意转化空间属性，既灵活又不会感觉自己仿佛身处桑拿房一样。整个布局简洁而协调。一些细节看似简单，但其作用相当突出，如庭园里几何形状的运用即使朴素重复，但其思想内涵和作用完全不同，突出了规划布局的精致和优雅。

在这个案例中，（几乎）立方体形的座位元素与平滑的立方钢槽完美呼应。绿植虽然看上去有些稀疏，但也简单明了。辽东楤木(*Aralia elata*)"纵横"了这个多功能空间，特别是高耸的枝叶覆盖了庭园上空，而易打理、寿命长的迷你草坪和黑色沿阶草(*Ophiopogon planiscapus* 'Nigrescens')则是给这个空间增添了足够的活力与张力。

设计：维尼阿特·许泽、帕特里克·克拉科

摄影：克里夫·尼古拉斯

地点：英国布莱顿

为年轻人打造的庭园

现实生活中，很多年轻人的第一个庭园面积往往不大。而且在所有的家居装修完成后，再来实施投资高昂的庭园设计项目，也许就会出现资金周转不灵了。关键是，人们真正会呆在这个可以自由娱乐的空间多久，或者是否会在夜空下，放松地坐在庭园内细数漫天繁星。对于这种情况，业主则有必要明智的选择户外空间设计方案，争取以最低的成本赢得最大的空间吸引力。

迷你DIY户外天堂

如图所示，这个微小的露天庭园设计成本低、极富情趣且感觉舒适，空间陈设也极为简单。在材料选择、植物色调和技术支持等方面设计师秉承着严谨、容易打理的理念，进行空间布局和植被选种，因而使整个布局风格更加鲜明。

在任何情况下，本来就狭小的空间不仅不能浪费任何一点空间，而且还要保证最大的私密性。因此，设计师首先就清除了后花园中的桂樱，取而代之的是不占用空间的雅致竹网围栏。素雅的竹网不仅易于安装，又能很灵活地定出庭园边界。

为了给庭园定义一个简单的结构，设计师将地面上用小方石铺成的两个双圆形与被修剪成球形的灌木丛连成一条直线，于是，主体就突显出来了。为了易于打理，地面其他部分铺着水磨碎石，但看起来依然协调大方。在面积较大的圆圈元素附近固定地安装了不受天气影响的秋千长椅，似乎在邀请使用者坐下来休息放松。此外，圆圈区域也可以提供足够的空间用于小型的社交聚会。

易养活、低维护的植物同样营造出了一个令人耳目一新的绿洲庭园，也是因为这些植物，让温馨的小庭园平添了几分令人如痴如醉的气氛。所以，茂盛的灌木与生机勃勃的草丛的搭配使庭园有了一个自然、平和的空间基调。在这个庭园里，绽放着紫蓝色的花瓣马鞭草花（*Verbena bonariensis*）与繁茂的紫色铁线莲遥相呼应，出奇的和谐。由于所有的种植区域直到地皮的边界都覆盖着碎石，使得这个布局简单的庭园一年四季都显得自然亲切。

设计：德博拉·刘易斯

摄影：克里夫·尼古拉斯

地点：英国布莱顿

为老年人打造的庭园

时下，退休赋闲在家的老年人，离成为真正的无用之人的日子还长着呢！旅行和所有业余爱好，在工作的时候或许都没能完成，现在可算得上是占尽"天时、地利、人和"的优势了。且园艺劳作当然也可以算是特别的爱好，尤其是在庭园工作时可以感觉自己依旧年轻，那无疑是幸福的。然而，前提条件是这个庭园是专为老年人设计的，才能确保他们的愿望是可实现的。这也意味着这个庭园在能够容纳诸多功能的同时，而无需被定为需要不断打理的空间。

泼的多年生植物的结合，如土木香（Helenium）、马鞭草（Verbenabonariensis）和毛蕊花（Verbascum）共同成长，在夏天定会形成了一幅生机勃勃、休闲自然的庭园风光。即使没有长期的护理措施，总体风貌却也总是新鲜而富有吸引力的。无论是哪个年龄阶段的人使用，都会倍感舒适。更重要的是，当人们再次产生旅游的念头时，完全可以无忧无虑地去度假，而无需因为庭园没人打理而有所顾虑。

老年庭园新思路

英国园艺师乔伊·斯威夫特以他的设计作品说明了，并不是说为老年人设计的庭园就会是过时的或者是"陈词滥调"。我们且看，小庭园里占主导地位的是一个相对较大的露天区域，上方还有一个遮阳篷作为庇护。舒适、防水的家具强调着简洁的线条，为整个园景增添了一种无拘无束的客厅气氛。后面方形的池塘和相邻的植物将空间分隔出来，位置适宜，使用时也较为方便。

庭园里有些花草虽然长得比较高，但很结实，且易于维护。乔伊·斯威夫特计划用大量的常绿植物，来筑造一个别具一格的主体，而且这个主体并不是修剪出来的，而完全是他们最自然的形态。风姿绰约、形状各异的竹子和茂密的婆婆纳灌木（Hebe）相互协调，成为庭园一年四季的支柱和构架。茂密的禾本科植物和活

设计老年人庭园的小贴士

- 设计露天休息区域时不要离主屋太远，不要设计障碍物。
- 庭园家具应坚固，易于清理，全年都可以留在户外。
- 设计遮阳篷时可以设计成电动调节，为老人提供最简便的使用方法。
- 花圃和水池元素必不可少，方便园艺工作。
- 自动灌溉系统可以最大限度地减少庭园的维护和保养工作，甚至在园主度假时也可以自动运作，选种的植物应是坚固和简单的。
- 可用内部照明和运动探测器确保安全。

庭园设计：乔伊·斯威夫特

摄影：玛丽安娜·玛耶鲁斯

地点：英国伦敦

风格的变化

庭园中每一个细节，都需要以高度个性化的设计进行诠释。如果外观、造型、材料和植物的选择无条件地遵循这个理念，那么美丽的庭园就能以最高质量和最奇特的景观呈现在你眼前。庭园设计的方式越不寻常、越独特，庭园景观也就越具有个性，而且庭园的风格和理念也并不偏离主题。在设计时，如果空间较大且层次较多的庭园里陈设有极具魅力的设施，则可避免小庭园因刚性与呆板引起的缺陷。当庭园业主几乎确定了一个自己最喜欢的庭园设计方案后，他就不会再无所顾忌的变更自己的请求了，而是以极大的努力去支持设计方案的实施。

可变的风格要求

世界是不断变化的，潮流和时尚仅仅是社会发展的剪影和与其相关的表达方式。这些变化往往在曲折循环中发展，推动着人类历史的创新和发展。但个人的看法和感受也是在不断发生变化的。事实上，我们自己也是处在一个恒定的变化发展中，这样我们大概就可以理解，为什么我们会感觉我们的生活似乎一点都没变。小庭园在观察者的视野中是一览无遗的，这一事实人们不应该忽视。

因此，用发展的眼光和态度来设计庭园布局方案无疑是明智的，既可以参考自己的看法，又与时俱进。通常情况下，设计师都是以庭园的使用要求为标准来确定它的外观和相关的风格格调。由于需求不同，决定了一个有孩子的年轻家庭的庭园设计式样与专门为中年人以及退休后重获悠闲时光的老年人打造的庭园有着很大的不同。

优化的设计方式

一个庭园如果有一个结构清晰的主体，那么我们就可以很灵活地改变庭园的内部设施，没有必要进行全面的装修与调动。这不仅节省了投资成本，也可以自由做一些改变。此外，正确的构思和高品质材料的使用，即使是以很简单的方式出现，都可以使庭园景色焕然一新，令人赞叹不已。因此，如图所示案例，整个庭园看起来就像一个时尚的茶亭，这种有前瞻性的规划包括游泳池式的水池、沙箱式座位家具以及堪称"时尚儿童剧场"的儿童游戏房。

景观+庭园建筑公司从各个角度要求作品高质量完成，我们分析的这个位于索林完美的小庭园就是其杰作。在这里，你第一眼就会发现，这个独特的装饰设计中即便是同一种植物，只要布局不同，就可以建造出景色多变、让人赞不绝口的精致庭园。

名称：施吕特家族庭园

设计：景观+庭园建筑公司

摄影：尤根·贝克尔

地点：德国

小型庭园的植物种植

在过去的几十年里，德国的庭园风光发生了很多变化。我们以巨大的动力、杰出的创造力和极大的热情慢慢地丰富我们的园林文化，使其重新登上世界园林艺术的舞台且占有一席之地。但是，本土的庭园景观中还存在着一个致命的弱点，那就是植物的选用。

由于植物品种和种类知识的缺乏，人们往往不得不将那些久经考验的植物搬上"银幕"，使之看似万无一失。或者是选种新品种园林植物中那些生命力旺盛、实用性广的植物。有一些具有创新精神和爱心的植物专家，他们受到了周边国家的认可，但在国内得到的赏识却少之又少，他们证明，适于德国种植的植物除了一大片的桂樱"沙漠"或者是竹子"风暴"外，其实还有很多选择。当然，植物在庭园里的功能、用途最终总是与给定的地理条件和庭园大小相适应的。只要深入地挖掘庭园观赏植物潜藏的巨大潜力，就会很快确定，这种植物是否适用于每一个庭园。我自己在希尔登的庭园对我来说不仅是一个我用来进行园林设计创作的地方，它也为我提供了测试新品种、新物种及其组合方式的机会。所以，在这里你总会找到适于庭园栽培的新品种。

设计: 彼特·扬克

摄影: 阿扎·格雷格斯·瓦尔格

地点: 德国

耐看的小庭园景观

如果空间有限，则必须相应的缩小植物占有的空间，这其实是保证了庭园的布局在几年后还一样有使用价值。创建持久耐用的绿色庭园景观的一种方式是修剪植物，倘若其大小适当便可以保持几十年。选择不同形状和品种的植物，加上个性化的设计方式就可以营造出风格独特的庭园。与许多其他园林方案相比，这种形式、格调完美的观赏性植物的护理往往比预期的更便宜。

法式和英式庭园的影响

20世纪80年代中期，克洛普特罗普·弗洛伊尔贝一家迁到比利时的小镇根特，从一开始他们就确定，要特别注重庭园的设计和布局。对于刚接触庭园建筑的人来说，毫无疑问，对庭园进行布置确实需要专业人士的协助。首先，他们聘请的知名园林专家扬·施文博尔格从一开始就为他们的庭园提出正确的设计理念和适当的区域划分。这个庭园最初的设计不仅彰显了古典园林美学，同时也力求满足年轻一代的需求。例如，这个时期的庭园为当时4岁和6岁的孩子预留了足够的游戏空间。随着时间的推移，改变土地用途的要求，同时也给园艺积攒了经验。与此同时，建筑师扬·施文博尔格带领当时痴迷于园林艺术的克洛普特罗普·弗洛伊尔贝夫妇徜徉在这片美丽的泽兰树海洋中，向他们展示了自己祖国的园林文化。

其实，这对夫妇的设计构思深受英国维塔·萨克维尔·韦斯特的著名园林——西辛赫斯特城堡庭园的影响。妻子米丽娅姆·克洛普特罗普·弗洛伊尔贝说，西辛赫斯特的白园是自己庭园设计的灵感源泉。在20世纪90年代，这对比利时的园艺爱好者已经开始在自己的绿色王国里大展身手，将庭园划分成不同的空间，其中，许多灵感来自参观过的庭园外形设计和雅致景观。今天，克洛普特罗普·弗洛伊尔贝这个名字和他们无与伦比的修剪庭园 "Het Pachtgoed" 完美地结合了自己经典的规则式庭园布局，这个热衷于园林艺术的家庭近25年来的愿望终于实现了。

这对热情的园艺师夫妇把自己的私人庭园描述为"永不结束的故事"，因为他们还会加入新的想法和创意。作为比利时园林文化的典范，它的权威性在短期内应该不会被撼动，不止是因为不同的修剪植物的典型性使用，他们也证明了，有限的区域内同样可以实现宏大的景观，也许这才是关键。

名称：克洛普特罗普·弗洛伊尔贝家庭庭园

设计：扬·施文博尔格

摄影：尤根·贝克尔

地点：比利时

妮可勒·德·费西安的庭园 "La Louve" 位于法国普罗旺斯，阳光充足的干燥小路上，种植着修剪造型完美的香叶棉杉菊和石蚕属，让人倍觉舒适。

替代黄杨木的植物

几个世纪以来，黄杨木被视为庭园修剪植物和篱笆边缘装饰的经典选择。它巨大的修剪可塑性、使人清新愉悦的青绿色以及易于栽培的特点，博得了世界各地园林设计师的青睐。

但在最近几年，这位如此强劲的"万能博士"地位居然频频受到挑战。一些园艺师总结出了不再选择黄杨木的原因，黄杨木根本就不能抵抗一些真菌病。尤其是所谓的箱疫病可以轻而易举地摧毁在极端条件下都如此坚固的灌木丛典范，有时你只能眼睁睁地看着，几十年用爱心和勤劳来灌溉的黄杨木阵形在短时间内就这么迅速死光了。且不幸的是，为私人庭园生产的杀菌剂，到目前为止都是不可靠的。

备选植物

这不是说，我们就会放任破坏性真菌在任何情况下、并无限期地持续下去，真的到别无选择的时候，我们就得开始寻找替代品了，因为可修剪植物对小庭园的作用是非常重要的。

一旦你能找到其他可接受修剪切割、既茂密又四季常绿的替代植被，很快你就会发现，使用其他任何形式的修剪植物效果也是极佳的，甚至很有可能会为庭园设计打开新的局面。但世界上没有一个园艺师敢断定，替代黄杨木的植物就可以永

远不受病菌的侵袭，或者说不可能很快就可以为目前境况不佳的"患者"找到一种可靠的方法，对这个事实人们也不用感到太惊讶。

庭园可种植的修剪灌木

- 芳香的地中海植物如香叶棉杉菊（*Santolina*）、薰衣草（*Lavandula*）、石蚕属（*Teucrium*）、迷迭香（*Rosmarinus*）或者是芸香（*Ruta graveolens*），它们非常适合生活在阳光充足、干燥的地方，但不容忍其他植物的竞争。

- 亚洲品种齿叶冬青（*Ilex crenata*）、金叶亮绿忍冬（*Lonicera nitida*）和女贞属（*Ligustrum*），他们修剪后与黄杨一般区别不大。

- 红豆杉（*Taxus baccata*）作为经典的树篱，可能是最耐用的形式切割灌木，且适合培植成特别紧密的深绿色的灌丛。

- 矮化品种日本小檗黑松（*Berberis thunbergii*）的叶子有花斑，虽然不是常绿类型，用于防卫的枝桠尖端带有发亮的小刺，非常稀有，但在冬季，却不那么有吸引力。作为特别的精选品，其生长能力非常惊人，长得非常浓密，通常情况下，它们往往不被修剪切割。此外，这种品种还有常绿类型，其叶子茂密，叶面有光泽，开着繁盛的花朵，散发着水果香，非常有吸引力。

- 优秀的修剪灌木的详细目录，请参阅 www.hortvs.de。

名称：狼（La Louver）

设计：妮可勒·德·费西安

摄影：克里夫·尼古拉斯

地点：法国普罗旺斯

265

花种的选择方案

很多时候园艺中常会犯的错误是，只以花为植物的选择标准与导向。以我的种植经验，我会把不同植物的整体外观放在第一位。花种的花期一般太短且有时候不稳定，但如果把花当作是一道受人欢迎的景观，可以营造一个和谐且有情调的庭园的话，那么，一个平衡的庭园总体印象确实可以保持很久，甚至直至第二年花开之时。无论是精心设计的日本苔藓庭园，还是法国巴洛克式庭园具有的极富艺术性的修剪树篱，或者是英国式自然风光的景观设计，都体现了宏伟壮丽的庭园管理概念，基本上没有五彩缤纷或者万紫千红。另一方面，人们经常会忽略一些生物奇迹般的魔力，它们细腻、完美、优雅和迷人，对于大自然来说，或许这些只是一部分的特征和属性。

小庭园的花色品种选择

小型庭园留给植物种植的空间往往是有限的，所以在这里植物的使用，特别是大小方面，应该与庭园的风格和面积完美地融合在一起。通过精心设计以树篱、常绿植物和修剪植物为主的静态形式形成庭园主体框架，并于四季的变化中体味不同的庭园风格。繁茂且短暂的花期也是一派蔚为壮观的景观。庭园的空间越小，种植区越接近庭园中心的位置就越好，因此应该尽量选择那些花期较长的植物品种。此外，不同的植物有不同的组合方式。就花圃而言，尽管基本构思相似，但只要通过选择不同的开花植物，就可以反映出设计的多样性。

在这个例子中，小庭园的空间划分是很对称和明确的。座椅家具区，通过一个修剪完美的树篱屏风分隔出来，地上的铺石路面与植物的颜色相结合，给人刚柔并济，和谐舒适。四个低矮的黄杨树篱围成正方形苗圃，每个苗圃的正中间还留有足够的空间来种高躯干灌木。四棵和谐的落叶乔木，高高竖立在苗圃的上空，以这种温和的方式过滤强烈的光线。

四棵树下面种着开满绣球花的大花绣球"贝拉安娜"（ *Hydrangea arborescens* 'Annabelle'）。在这里选择种植绣球花是十分合适的，因为不仅特别吸人眼球，而且这个品种在北美的同族系也是相对常用的，还有起源于亚洲的八仙花（ *Hydrangea macrophylla* ），三者均可在霜冻时依然傲人地绽放。此外，这种绣球花可以在每年的春天大量修剪，几年之后便可以成型。这种华丽绽放的夏花大胆释放着自己独特的魅力，也使整个庭园因其简洁与经典而引人注目。

名称：骠骑兵室庭园

设计：雅普·范·德·瓦尔、勒内·范·德·米姬恩、约佩

摄影：沃尔克·米歇尔

地点：荷兰海尔德兰省

花种的选择方案2

就像在前面介绍的情况一样，这里的庭园也被分成一个经典对称、通过茂密的树篱定义出来的基本框架，相当匀称地围绕整个庭园。修剪得十分整齐的常青黄杨木队列、令人心旷神怡的草坪和伸展枝桠的椴树，构成了这个庭园一年四季的整体风格。然而，与前面的例子相反，这个庭园其余的苗圃区域选用了多种开着小花的多年生植物，打造了一个五彩缤纷的小型植物世界，赋予这个庭园一种完全不同的表达风格。这里采用的点画式开花艺术风格，各种花色通过区域分配，点缀出相互和谐的色调，颜色和形状相互交织，融合成一张闪闪发光的法式织花壁毯。

小花园的花色品种选择2

无论人们更偏爱于在其庭园的种植区域种上哪种类型的植物或者是哪些才能更完美地表达自己理想的庭园，最终都要通过品种和类型的选择来优化整体的效果。一方面，要赋予那些叶子五颜六色的植物一种固定的色彩基调。而利用这样的树叶艺术形式是很聪明的，因为一旦有时遇到谢花期，这样的方式就可以发挥它的作用了。另一方面，在有限的空间中，种植面积也是有限的，所以人们　般不会采用那些花期短的品种。

本案中异型紫苜蓿——红花车轴草（*Trifolium rubens*）、轮叶鼠尾草'紫雨'（*Salvia verticillata* 'Purple Rain'）、毛地黄叶钓钟柳（*Penstemon digitalis* 'Husker Red'）以及类似山萝卜属花头的小萝卜（*Knautia macedonica*）争芳斗艳，一派生机。

其实，上面所提到的这些郁郁葱葱又易于维护的花种，其花期都是很长的。为了体现大自然的协调性，所以，设计者在伸着突出的花柱的地中海常绿大戟（*Euphorbia characias* ssp.*wulfenii*）旁边种植了一长排的藏红花、鸢尾花和扫帚花，差不多一个季度的花期过后，它们也就自动凋谢了。茴香味藿香（*Agastache foeniculum*）于初夏开始绽放。从六月下旬开始，它们蓝紫色的花朵会快速地向上生长，至九月还会再长出新的花蕾，开花后散发着阵阵甘草的芬芳。一些较新的老颧草品种不仅能开出迷人的秋花，而且只需数月，它们就可以长成细长的瓷壳状的花束。这么多的花种，以致人们误认为它们能常开不谢。假荆芥轮（*Calamintha nepeta*）和品种优良的猫薄荷[如总花猫薄荷（*Nepeta racemosa* 'Walker's Low'）]，生命力很顽强，一直不懈地与自己短暂且脆弱的开花期竞争。这种生命力在庭园里比比皆是，尤其是对那些直到第一波霜冻来临前还在绽放的花种来说更是不足为奇，比如红蓼（*Persicaria amplexicaulis*）、新疆花葵（*Lavatcra*）、西尔加香科（*Toucrium hiranicum*）、钓钟柳（*Penstemon*）、紫锥菊（*Echinacea*）……大自然的神奇，也造就了这充满魅力的庭园。

设计: 格雷特·德拉艾特

摄影: 沃尔克·米歇尔

地点: 荷兰

简洁的线条

小庭园始终占据着建筑的主导地位。由于建筑结构设计的线条和建筑物现有面积的限制，使整个室外空间的设计成为了本案的难点，因此，在庭园布局时必然要找到与之相匹配的元素。在本案中，设计师在植物的布局上巧妙的采用直线式的组合方式与建筑结构的线条式设计形成完美呼应。

清晰度和复杂性之间的微妙关系

英国星级庭园设计师汤姆·斯图尔特·史密斯在2001年成功地提出了这个引人瞩目的构思，他亲切地将之称为"清晰度和复杂性之间的对话"，也因此获得了切尔西金星的称号。

汤姆·斯图尔特·史密斯在不同平面应用几何的方式剖析了这个小型庭园。这个构思的清晰度体现于一些简单材料的选用上，如清水混凝土、木材和无植被水域，强调出空间的简洁性。在空间区域划分时，最小的细节都可以成为被关注的园林空间，让我们惊讶的不仅是其实用性，更是设计师优雅而现代的构思。布置植被区时，汤姆·斯图尔特·史密斯反其道而行之，追求植被区的复杂性与和谐度，而没有运用简化的形势。通过大范围选种经过修剪的高大的椴树，设计师将整个庭园扩展成了一个三维立体空间。同样，为了获得茂盛的自然风光，设计师运用统一严谨的方式把这些高灌木排成一列，井然有序，并在水域旁边种上一棵，就像那一行灌木的首领一样，屹然挺立于庭园当中，树下还种有一些小草和鸢尾花。虽然布局简洁，但效果确实使人震撼。

设计：汤姆·斯图尔特·史密斯

摄影：玛丽安娜·玛耶鲁斯

地点：英国2009年切尔西花展

小平地上的WOW效果

每一次我在设计灌木园艺的时候都会遇到这种情况，就是小庭园的业主们对在他们的庭园里布置巨大的灌木丛稍有微辞，但是在小型庭园里种植娇小秀丽的植物却是完全没有必要的。尽管这里空间狭小，可是仍旧能展现出一幅卓越的庭园美景图，这一切只需要一点勇气以及正确的种植计划就能实现。

小型庭园里有大灌木

该如何使小庭园看起来既华丽丰满又效果显著呢？两位荷兰的植物专家弗朗斯·盖赛尔斯和弗朗尼·盖赛尔斯将向我们展示这一设计。这两位充满激情的园艺师在他们精美绝伦的灌木丛庭园 "In Goede Aarde" 里面，他们用美丽的灌木丛以及出色的创意理念赢得了参观者的一致赞赏。并不是小庭园小植物，而是用奔放的手法大手笔地将这个小空间用巨大的灌木丛填满，使得这个小庭园在每个不同的季节都多姿多彩。尤其是在盛夏和金秋时节，郁郁葱葱的植物铺成了一个美妙的画面，置身其中，犹如身处天堂。这两位经验丰富的园艺师通过种植一些存活期较长的植物如巨花蓼（*Persicaria polymorpha*）、阿拉斯加地榆（*Sanguisorba menziesii*）、北美草本威灵仙（*Veronicastrum virginicum*）或者轮叶鼠尾草（*Salvia verticillata*），让整个庭园长期拥有茂密的景色。

设计：弗朗斯·盖赛尔斯、弗朗尼·盖赛尔斯

摄影：尤根·贝克尔

地点：荷兰

273

五彩斑斓的景色

如今，住宅的庭园边界都延伸到了住宅大大的落地窗的正面。阳光穿透房子，宽敞的视野拉近了庭园与住宅的距离，并让住宅内外和谐一致。通常来说，紧接着房屋正面的落地玻璃窗所设计的就是平台区域。而以下这种很实用的建造方案对于小巧的庭园来说，可以让它具备大气壮观的景色。

浪潮般的花卉

对于以宽敞的落地玻璃窗为边界的庭园来说，把平台直接从住宅前面移除，对于整个庭园的布置非常有用。明亮宽敞的坐台庭园是这个完美整体的一部分，这种坐台设计很明显地给庭园带来了很多优势。一方面可以避免这个没有遮盖物的南向平台受到阳光的强烈直射，另一方面也可以改变人们欣赏庭园的视角。这个设计方案，对于周围环境较为一般的庭园来说很有意义，这样人们不仅可以居住得更舒适，而且使庭园和住宅看起来成为了一个统一的整体。

这个案例便可以说明住宅外的户外空间也可以色彩缤纷、美丽壮观。在落地窗的正前方铺设一排灌木丛，作为连接更远处庭园的一条过渡带。春天伊始，第一簇让人心旷神怡的鲜花映照在房子的窗户上；寒冷的冬日，如同雕塑般的连接带以及奇形怪状的各种植物，让庭园显得更加神秘。这幅美轮美奂的庭园景色让身处其中的参观者，每时每刻都能感受到最美景致。

弗朗斯·盖赛尔斯和弗朗尼·盖赛尔斯这两位荷兰园艺师在他们的私人庭园里巧妙地转换了设计规则。走出房间对他们来说意味着进入了令人陶醉的花海，这片花海的浪潮几乎要涌进房间里去了。对灌木丛设计十分着迷的荷兰人将庭园最美的一面移向庭园边缘。整个庭园的四季都充满着华丽、精美、自然的灌木丛风光。浪花般的鲜花，除了紫椎菊（Echinacea purpurea）、景天（Sedum）、石碱花（Saponaria）、波斯菊（Boltonia asteroides），还混合了其他一些小巧的花朵，例如白苞蒿（Artemisia lactiflora）和红蓼（Persicaria amplexicaulis）。

庭园中位于花坛边缘部分的空地，是为社交联欢量身定做的好地方。

设计：弗朗斯·盖赛尔斯、弗朗尼·盖赛尔斯

摄影：尤根·贝克尔

地点：荷兰

小型庭园里易于修剪的树木

比利时夫妇比雅·勒李阿特和弗兰克·勒李阿特(Bea und Frank Leliaert)想要为他们的庭园寻找一种合适的建筑风格,于是他们相中了庭园设计师史蒂金·科尔尼利(Stijn Cornilly)的出色设计。清晰的线条、常绿树木以及简单的小树丛,就是史蒂金·科尔尼利想要表达出来的独树一帜的风格。他设计的庭园,不仅易于照管,而且可以让经过一整天劳累的人们在优雅高贵的氛围里彻底放松。

雅的氛围。这种易于修剪的树木在小型庭园里不仅不会胡乱疯长,反而会在暖和的冬日投下一片优美的剪影。

比例匀称的树木

高大的植物可以让这片土地变成一个具有立体感的三维空间。没有什么能够取代树木所带来的安全感,所以几百年来树木一直被当做庭园文化的固定组成部分。然而对于小型庭园来说,并不是每种树都是适合的。虽然,造型优美的黄杨树、橡树或者雪松都是很完美的品种,但在种植不久后就会打破庭园整体的和谐感。

如果想要持久地保持庭园的造型,就必须得准确地分析哪些地方可以投入使用,并预计树木在一段时间内会长成何种样子。对于小型庭园来说这意味着,不管合适的树木是否生长缓慢,还是长势会被限制,主人都需要不断地、几十年如一日地修剪,以保证树木不会失去养分和美态。

史蒂金·科尔尼利在这个园子里种植了一棵金叶梓树(*Catalpa bignonioides* 'Aurea'),这棵树清新的绿色以及硕大的树叶,为整个庭园空间增添了一种优

小型庭园里易于修剪的树木

- 带有不同颜色树叶的梓树是最佳选择。除了经典的绿梓(*Catalpa bignonioides*),还有本案展示的金叶梓树(*C. b.* 'Aurea')及较少种植的浅红梓。

- 柳树(*Salix*)也被视为易于修剪的树木之一。种类繁多的柳树,不仅以其婀娜多姿的树叶使人们倾心,甚至在冬天,它那引人注目的嫩绿色新芽,更显得熠熠生辉。

- 尽管定期修剪,椴树还是会变老。如今除了小叶椴,有经验的设计师会提供更多种类的椴树。

- 法国梧桐(*Platanus* × *hispanica*)以它独特的树皮取悦于人们。

设计:史蒂金·科尔尼利

摄影:尤根·贝克尔

地点:比利时

小型庭园里长势缓慢的树木

前文所描述的各种树木，不同于本案将要介绍的不需要经常修剪的种类，之所以不需要修剪，是因为它们的高度在生长时受到了限制。通常来说，这些生长缓慢的树木相较于那些需要经常修剪、长势极快的阔叶树要更纤细一些。

树枝下敞亮的坐台

构思精巧的设计师安娜·皮尔斯（Ann Pearce）在这个充满气氛的庭园里种植了一棵石枣四照花（*Counus kousa*），并在树下设计了一个朴素典雅的坐台。这棵树身姿苗条，在秋天能散发出橙红色光芒，营造出一种和谐的气氛。尽管这些生长缓慢、对小型庭园十分合适的树木如唐棣（*Amelanchier sinica*）、星花玉兰（*Magnolia stellata*）、小鸡爪槭（*Acer palmatum*）不要求花费太多时间照管，人们还是可以偶尔给它们修剪一下以至尽善尽美。好的花圃可以种植很多小型树木，以充实整个庭园空间，使庭园更为和谐饱满，如蜡梅、白刺花、流苏树等。

设计：安娜·皮尔斯

摄影：玛丽安娜·玛耶鲁斯

地点：英国伦敦

279

时尚庭园里的植物

一个时尚的庭园由什么构成呢？在这个问题里，人们首先要注意的是"时尚"这个词的解释。通常来说，造型简单笔直、材料使用较少、本身价值较高，就是人们对时尚庭园这样一个简化的外部空间的定义。在这种简单笔直的庭园类型里，人们对个人使用需求以及庭园的功能性有很高要求。在生活节奏较快的今天，住宅的户外空间平均面积都不大，然而这个设计却能够完美地协调这一矛盾。当简化设计在时尚这条道路上走得越远，建筑设计深受时尚影响而变得越来越简单时，那些矫揉造作的设计也将逐渐退出设计舞台。在一些很出色的庭园设计里，设计师完全没有种植植物，并将所谓的"庭园"推向另一个纯粹建筑设计的艺术方向。毕竟，那些千篇一律的设计只是一味地追求现实性和逻辑性，这样往往会让庭园丧失个性。

对我来说，庭园里如果没有绿色是无法想象的。即便如今的设计风格跟以往很不一样，但植物仍然能够兼容其中，而且愈发多样化。通过独特的植物栽种，可以让庭园给人深刻的印象，也可以突显出对照效果。

现代庭园里植物种植的创新理念

- 大多数线条感强的植物能够以一种完美的方式彰显庭园时尚的一面。植物的结构越精美，效果越显著。

- 极为典型的植物——竹子，不仅可以使人感受到一股异域风情，其优美的造型更是深得人心。

- 旌节花灌木丛如鸢尾花、丝兰或本案展示的新西兰麻（*Phormium tenax* 'Variegatum'），都能够强化庭园版画般的艺术效果。

- 植物必须人为地进行修剪以保持造型的完美，使之能够适应整个形状规整的庭园。

- 彩叶植物能够长时间地维持庭园色彩设计的多样性。在这里，深色叶子的植物所产生的效果使得一切看起来很和谐。

- 怪异、稀疏的生长方式着重强调了简化设计的效果。

- 同种植物以及同种造型的扁平叶子植物，能够清晰透彻地突出这个设计。

设计：Data Nature Associates公司

摄影：克里夫·尼古拉斯

地点：英国伦敦

恶劣气候下的地中海庭园

如果想要享受带有地中海风光的庭园,那么法国南部绝对不是一个很好的选择。然而葡萄藤与蔷薇花架下的坐台充满无与伦比的浪漫气氛,这一切却出现在法国南部鲁贝隆(Luberon)山区的一个风景如画的小镇——梅内尔伯(Ménerbes)里面,那这是不是意味着,我们也可以在这里创造这样一个同样惬意的地中海庭园呢。很多与外界隔离的庭园空间都具备这种条件,能让人足不出户就能体会到旅游的感觉。

具备南方特色的植物

在我们的脑海中经常会出现这样的画面:迷人的庭园里种植着茂密的柑橘树、弯弯曲曲的橄榄树以及各种婀娜多姿的盆栽植物。二十世纪在英格兰或者其他比较寒冷的国家,人们对南方园林的追求达到了顶峰,这些所谓的水晶宫如同雨后春笋般冒了出来。郁郁葱葱的绿色,艳丽盛开的繁花,承载希望的果实,在阴雨寒冷的北方带来的诱惑是那么大,人们不惜各种代价,只为能实现地中海的美梦。然而今天依旧没有人能够利用严寒地区的植物创造出地中海地区的迷人庭园,那么种植着热量需求量大的植物的水晶宫该怎么设计呢?如果人们所处的地方足够让一切进入冬眠,那也就意味着,人们必须把那些南方的花卉珍宝移植到花盆里面,并且至少每年换两次花盆。如果气候并不至于那么严寒,或者想要干脆避免累赘,不愿种植会变得越来越大的植物的话,不得已时,可以采用冬季硬木,这些植物也能够在庭园里变戏法一样呈现出明朗愉快的南方情调。

适合地中海特色庭园种植的冬季树木

- 柳叶梨(Pyrus salicifolia)在这种庭园里特别合适。每年进行固定地修剪整枝可以让它保持通透整洁的效果。

- 平均气温低于20℃的地区不能够采用枳树(Poncirus trifoliata)。

- 相对应南方普遍存在的地中海柏(Cupressus sempervirens),在最低气温低于18℃度的地区可以选择这些植物来替代:北美香柏(Thuja occidentalis)、欧洲红豆杉(Taxus baccata)、落基山圆柏(Juniperus scopulorum)。

- 四季常青、充满香橙味的植物是墨西哥橘(Choisya)。

- 关于冬季硬木更加详细的信息请点击www.hortvs.de。

设计: 米歇尔·比恩

摄影: 克里夫·尼古拉斯

地点: 法国

绿色的丛林

为庭园种植茂盛的绿色植物，等同于为这个庭园注入灵魂。巧妙利用庭园中繁茂的树叶、璀璨的繁花，也能使庭园成为一个极具功能性的生活空间。庭园越小巧，可用于种植的地方就越受到限制。要想在狭窄的空间里使绿色植物保持适中的密度，有一个可行的传统方案，那就是从四周的围墙到房子的外墙都铺上一层绿色，通过植物向上生长的态势可以自主地保持在整个水平面上，而不需要因为修剪的麻烦而放弃生长茂盛的植物。

交界地带的微型气候以及庭园最富成果的外观都深受这片绿化墙的影响。

居住在树叶屋子里

法国园林设计天才帕特里克·布兰克斯（Patric Blancs）所设计的无与伦比的植物种植方案（见330页），是墙面垂直绿化的最佳方案，他用令人咋舌的方式，使错综复杂的植物规规矩矩地在墙上向上攀升。如此惊人的新式绿化，当然也离不开资金与高科技的支持。若想在低投入的情况下达到这个效果，则可以使用攀爬性好、容易盘绕打结的经典植物。想要持久地保持建筑外墙的绿化水平，最重要的还是对植物的选择，而在选择植物时主要关注的便是植物的生长势头、生长的位置要求，以及生长方式。粗略地将合适的攀缘茎植物分成两种：一种是需要借助攀爬支架向上爬升的，另一种是借助自己的根或者叶脚的吸盘就可以独立攀升的。两组植物都有叶子往下垂以及常绿的特点，前者能营造葱郁茂盛的景致，后者则能突显叶子美妙的形状。除了精确地选择植物的品种类型外，专业地养护也十分重要。细致的规划能够保证这片攀爬的绿色有足够的空间可以使用。与庭园

建筑物绿化的小贴士

- 攀缘植物借助的攀爬支架要尽可能的简单，并且要能够长期使用。

- 能够独立攀爬的植物需要一个不太平滑固定的背景，这个背景要求能够长期承载这些植物的大部分重量。

- 正确规范地修剪枝叶不仅能让整个画面

维持均衡，还能隐藏一些建筑设计的缺点。对这种设计来说，必须从植物生长的初期就开始修剪。

- 很多植物都可采用攀爬藤架，同样也对房屋绿化有显著的效果。

设计：乔斯·罗伊顿

摄影：尤根·贝克尔

地点：荷兰

收藏式庭园

人类尽管有了数千年的文明史，但人们身上还是保留着原始时期收集者和捕猎者的特性。这种类似松鼠收集食物的行为没有人例外，因此所有人能想到的东西都会被收集、归纳并编排起来。除了对收集有纯粹的兴趣以及神经性的冲动外，收集东西还是具有相当大的意义的。艺术品收藏家们不只是简单的收藏，还要对其收藏的珍品进行妥善的保管。那么将植物看成是一个受欢迎的收藏品，一点都不稀奇。对稀有植物的收藏已经有好几百年的历史了，在荷兰这股收藏热潮在二十世纪六十年代达到了鼎盛时期。在所谓的郁金香狂热期，对植物的收藏发展成了投机买卖，虽然这代表了很丰厚的盈利，但是还是让很多人损失巨大。

收藏植物的价值

一流的植物收藏绝不可能只在植物园里出现。几百年来，专业植物收藏界所保护、收藏的大量植物经常出现在私人庭园里。在早期的黄金时代，奢华的收藏在维多利亚时代的英国十分流行。人们带着一股极大的热情，只要看起来稍微带点园艺气息的植物，他们就会把它收藏起来。由此产生一种蕨类庭园：在这个奢侈的庭园内，地面上设计的"蕨类植物展示厅"不仅给雪莲花提供了一面展示墙，也给报春花一个古罗马圆形剧场般的舞台。如今，在热衷庭园设计的国度如英国、法国、荷兰，仍然有这种极具收藏意义的庭园，他们也着重保护那些在植物变种越来越快的趋势之下，即将完全消失的植物。这些被称为"国际收藏所"的国家在植物的保存和发展方面得到很多援助，也对珍稀植物的保护起到了推动作用。因为这些

国家的植物保护组织彼此意识到，维持这里的一切需要大量人力与物力，是一项极为艰难的任务。

对于私人收藏家来说，对植物的收藏远远重于对植物多样性的保存。谁要是感染了收藏植物的病毒，马上能够确诊的就是，他的爱好将变得不可思议的复杂。如同这个玉簪花属（Hosta）收集者，他将他的喜好与庭园的需求和谐地结合起来，成功地设计出一个充满美感的荫凉花园。

名称：玉簪花园

设计：威尔·卡伦

摄影：沃尔克·米歇尔

地点：荷兰洪斯布鲁克

小庭园的特殊元素

某些庭园散发出来的美感不少来源于经典的建筑规则和独特的庭园设计元素的和谐组合。所以一座房子、一个藤架回廊、一座雕塑、一个游泳池或者一片菜地，都能够影响整个庭园的总体外观。这样的效果特别适用于小型庭园的设计，因为在通常情况下，无论在哪个角度，这些庭园的构成元素从大多数角度看都是显而易见的。

本案所介绍的，特别适用于合乎时代的灵感设计还有之前所提到的庭园元素的运用。

来自于伦敦的设计师琳·马库斯(Lynne Marcus)的设计范例向我们证明了，庭园里的建筑元素该如何复杂、时尚而又效果显著地融为一体。在英国首都西南部的一个豪华私人庭园里，琳·马库斯将庭园式住宅的理念转换到了一个玻璃立方体上，这个玻璃立方体以一种合乎潮流的方式，嵌入这个时尚、自然的庭园设计里。这个透明的建筑，不仅可以从里往外观赏，还可以作为迷人的远景进行眺望，两种观赏方式都能够产生极富趣味的视觉效果。琳·马库斯接下去还将这个建筑的屋顶种上一片绿色植物，这片草看起来像是漂浮在水面上一样，这也是她构思精巧、创意先进的有力证据。

设计：琳·马库斯

摄影：玛丽安娜·玛耶鲁斯

地点：英国伦敦

大卫·哈勃（David Harber）设计的这个"黑色星球"，从每个角度看都具有无与伦比的美感，其所产生的效果，正如同它的名字一样神秘。

重点强调

庭园越小，每一个元素在观赏者眼中产生的效果就越强烈，特别是对于雕塑以及各种装潢类的元素。这些庭园内的组成元素可以通过庭园的款式风格和个人喜好的不同，简明扼要地表现整个空间的特征。这些艺术品或者装饰品所体现出来的效果取决于它们在庭园中摆放的位置。

这些设计元素是否必须如同舞台背景般铺满整个庭园，总体效果能否通过蓄意的制造朦胧感来提升，这些不仅取决于设计的方式和特征，即工艺品所表达出来的思想，还取决于业主及设计师所持的设计标准。有时候，清晰的庭园设计元素能够从一开始就引导整个庭园的设计走向，决定这个空间的设计风格和造型。

黑色的星球

在这个四面围墙的英式庭园里，整个建筑的焦点为一个突出的细节设计——出自大卫·哈勃之手的石球雕塑"黑色星球"，它如同一个着陆在地球的球体，以其独特的造型吸引着每个人的目光。

设计师大卫·哈勃以他设计精巧的庭园雕塑而闻名，他以一种全新的方式来演绎经典的庭园装饰。他的"黑色星球"由上百个黑色鹅卵石拼凑在一起，这些鹅卵石来自于河床中，被大自然磨平了棱角。这个精美的石头工艺品的表层由一颗又一颗的石头精确地结合起来，每天不断变化的光线能够在它的表面产生不同的纹理花样，同时，还能通过非凡的配色让这个工艺品看起来既神秘又富有魅力。在黑夜

中，通过魔幻般的照明——从圆球内部散发出来的光，提高了整个视觉效果。四周的黑暗衬托着发光的圆球，庭园仿佛就是一个独立的花园宇宙。

引人入胜的焦点

人们需要足够大的空地放置这样一个美轮美奂的雕塑艺术品，否则人们需要协调好这个艺术品放置的位置与庭园内可供使用的地方的关系。大卫·哈勃的作品所达到的效果，一方面有赖于设计者敢于对表现手法进行突变的勇气，另一方面则是弱化周围环境来实现的。由此就产生了这样一派庭园美景，虽然形式紧凑，周围的花坛通过雕塑被划分开，保留了传统的特征，但是也通过这个经典之作，将庭园改造得格外引人入胜。

设计师：大卫·哈勃

摄影：克里大·尼古拉斯

地点：英国伦敦

视觉陷阱

"视觉陷阱"（Trompe-l'oeil）来源于法国的建筑理念，严格的讲，就是有意识地引起人们的视觉错觉。借助精密的改观和透视法，向观者展示的并不是真实的景色。自从文艺复兴以来，就已经有人利用画出来的门窗或者穹顶来迷惑人们的眼睛，进而扩展整个房间的框架，突出房间的宽敞。几百年来，这种具有迷惑性的游戏在室内设计和绘画中受到人们的青睐。

庭园中出乎意料的远近表现

人类是一种受视觉束缚的生物，我们一直相信通过简单的观察就能知道我们周围的事物是如何运转的，长久以来我们都被这种观点桎梏。我们无条件地对我们所看到的东西的信任，能够让庭园设计师在设计庭园时，将庭园设计得更具趣味性。在户外空间里，感官上的错觉能够吸引人对它进行更深刻的观察，更能使小型庭园愈发绚丽。

铺设这样一个具有视觉陷阱的舞台背景，需要大量的设计技巧。在英国的时候我看到这样一个例子，设计惊人的简单而效果又出奇的好：就某些方面来说，这个庭园倒不如说是一个风景庭园。观赏者身处其中会被引向一个由花瓶铺设成的普通却又精致的轴线道路上。可以想象，几乎所有的人，在看到这个由中间道路、树木行列、矮树篱以及小平台上的花盆组成的整体构造时，都会自然而然地信步而入。可是事实上却不是看起来这样的。整个画面虽然看起来虚假不真实，但却相当地吸引人。玄机就在于这条林荫路的设计，设计师用一种很简单而又狡猾的方

式来迷惑观赏者。在整个画面中，中间道路是持续向后扩展的，往后的树木和矮树篱也在不断变大，花盆也被提升到同一高度，所以设计师将自然状况下看起来很小的庭园给扩展开了。对于没有见过带有视觉陷阱的庭园的参观者来说，这一切根本就是无法想象的。

这个设计范例向我们证明了，通过独特的方式来吸引参观者是多么容易。无独有偶，在"肖蒙城堡"举办的著名庭园嘉年华上，来自阿根廷的玛蒂娜·巴尔兹和约瑟芬娜·卡萨勒斯（Martina Barzi und Josefina Casares）就是以此设计风格演绎了一曲庭园设计曲的二重奏。他们简单而又精确地摆放一些一人高的镜子，将狭窄的庭园转换成超现实主义风的花园。由黄杨树、黑色的砾石以及浅色的镶边构成的狭小空间，通过不断变化的反射面，呈现出精致的透视美景。

名称：潘帕斯庭园

设计：玛蒂娜·巴尔兹、约瑟芬娜·卡萨勒斯

摄影：克里夫·尼古拉斯

地点：法国第十届国际花园节

反射镜像

作为一个庭园设计师，比利时人迪尔克·卡伦斯(Dirk Callens)对该如何建造自己的庭园有着确切的想法。他需要的不仅是一个典型的、现代的建筑，还要一个容易照管、极具浪漫氛围的庭园，在这里他可以在经历一天的劳累后得以好好休息。为了实现他高要求的设计，迪尔克·卡伦斯聘请了比利时的庭园建筑师斯汀·费尔哈勒(Stijn Verhalle)，斯汀·费尔哈勒在满足迪尔克·卡伦斯的要求之后，成功地实现了庭园里的风格与使用之间的完美转换。

简化设计下满载激情的庭园

在斯汀·费尔哈勒的设计里，最重要的一个元素是一块极具个性的大型脉岩石，从中流淌出的涓涓细流最终汇入一个水池。这种设计不仅能形成一个囊括整个住宅和庭园的景色轴线，还能形成一个很有魅力的水平面，倒映与之相邻的植物及蔚蓝的天空。除此之外，斯汀·费尔哈勒在一边抬高的以钢板围合而成的花坛里种植了一棵冬青栎，这种设计呈现出清晰简单的造型，反射出水平面神秘的微光，以一种朴素的方式，为这个简单的环境注入一股庭园不可或缺的激情。在容易照管而又效果明显的冬青栎下种植的是黑麦冬（*Ophiopogon planiscapus* 'Nigrescens'），并与之形成了鲜明的对照。

名称：卡伦斯家的庭园

设计：斯汀·费尔哈勒

摄影：尤根·贝克尔

地点：比利时

梯级设计

从房子里出去有一个高低错落的庭园，为建筑设计提供相当多的设计可能性。对于与房子的水平面有很大高度差的小型庭园来说，庭园的设计更是一个挑战。

取长补短

在这个设计范例里，曾经获过奖的设计师茉莉亚·托尔(Julie Toll)将向我们展示，她是如何成功地设计出一个坡度较大且向上延伸的庭园的。茉莉亚·托尔了解庭园地形的实际情况后，克服了自然地形的高度差，创造出一首以建筑为基本音符的杰作。

茉莉亚·托尔的设计是由清晰的造型和笔直的线条构成的。其设计并非一个只为克服高度差而简单设计的楼梯，而是设计出了不同的层面，从而制造出一个舒适惬意的上升空间。人们上一层楼的速度有多快，不仅取决于材料的选择和每一层梯级的高矮，更具决定性的是梯级的宽度。每一个参观者直觉性地更愿意走上一个宽敞自由，而不是一个狭长陡峭的楼梯。

此外，在茉莉亚·托尔的方案里还有一个可供人们歇息的坐台。这位英国设计师没有使用让梯级从上而下没有间断的设计，而是在几级阶梯之后，她设计了一个宽敞的坐台供人们停留。庭园中树木的树冠是整个庭园植被高度的终点，树下就是设计师所设计的坐台，犹如一件雕塑品般吸引人们前来。

在几米开外的庭园的顶峰是真正吸引人的地方。从坐台往前走，人们就可以享受到茂密的热带植物风光。因为茉莉亚·托尔的园艺设计范围不止局限于湿冷的不列颠半岛，还涉及一些加勒比的设计理念，所以也就不奇怪她为什么会选择一些热带丛林的植物。带有庞大茂密叶子的植物，例如山茶花(*Camellia japonica*)、红叶石楠(*Photinia × fraseri* 'Red Robin')以及南天竺(*Nandina domestica*)、都可以让这个位于高处的庭园远远地就吸引人们的目光，如此一来人们也会忘记攀登陡坡之累。

庭园中，梯级设计的石材运用也极为出色，阶梯由完美割据的花岗岩制成，并用高超的技术嵌入其中，营造出向两边延伸的感觉，造成石头分层堆叠的错觉，整个设计看起来更像个艺术品。

设计：茉莉亚·托尔

摄影：玛丽安娜·玛耶鲁斯

地点：英国伦敦

庭园里的灯光

在调节庭园氛围之时，没有什么比晨曦或者晚霞更为美妙的了。然而当夕阳西下之时，庭园难免归于黑暗之中。对所有喜欢在温暖的夏日傍晚或者太阳西沉后，在庭园里享受闲暇时光的人来说，最能够营造出情调氛围的莫过于防风灯和蜡烛。然而这对于日常生活的照明来说太过昂贵奢华了。人们如果想要在傍晚时分欣赏他们的草坪，有另外一种更受欢迎的照明方式，那就是人造光源。

小型庭园里的光源

从整栋住宅来看，越小巧的庭园，看起来越明显。从日照时间越来越短的那一天开始，没有照明的庭园就会越来越早处于黑暗中。对有工作的人来说这意味着，他们只能一个星期一次，也就是在周末才能享受庭园美景。倘若庭园的灯光设计恰当得体，一年四季都景色优美，特别是在阴冷灰暗的冬天，完美的灯光设计可以让整个住宅显得宽敞明亮。如同庭园的其他元素一样，灯光的选择也必须与整个庭园相适应。选择的时候，不仅要分析考虑技术层面的因素，还要使它和庭园中的一切设计互相融合。所以，一座传统的需要修剪枝叶的庭园，一座属于德国经济繁荣年代的庭园，与其他带有实验设计的城市庭园相比，它更需要一个特别的照明方案。同样，个人对庭园的使用也会影响整个照明方案的设计。一个偏好装饰精美、富丽堂皇的绿草地的业主和一个喜欢经常待在庭园里，或者经常在庭园搞聚会的业主，对于灯光设计的要求通常各有不同。

关于庭园中灯光设计的建议

- 少即是多（一种建筑设计理念，提倡简单，反对过度设计。简单的东西往往能带来更多的享受）。完美极致的灯光设计能够最大限度地营造空间感，相反多光源的混用则会让这里显得像个娱乐场。

- 在设计庭园时，就应该有相应的照明设计方案。这样能够避免增建，节省繁琐的搬运装修。

- 因为庭园的整体构造会不断改变，所以在设计的时候要安装足够的插座。

- 不同的电路连接方式，能够营造出不同的氛围。灯光点缀式的布置，能够柔和地扩宽整个画面，而成束的灯光则能够突出细节。

- 每个灯光都应该便于开关。

- 如果有可能将庭园边界的外围也打上灯光，这样能扩大庭园本身的大小。

- 台阶还有其他潜在可能会绊倒的地方，应该单独地打上灯光。

- 庭园里的灯光绝对不能刺眼。

设计：夏洛特·罗韦

摄影：玛丽安娜·玛耶鲁斯

地点：英国

水路

没有一个城市和威尼斯一样，生活中的一切都被打上了水的烙印。几百年历史的水中技术，以及几乎是被迫与海洋捆绑在一起的建筑方式赋予了这座令人敬畏的城市建筑一种独特的韵味。这个充满历史气息的环礁湖国际大都市，在过去的几十年间，一直致力于维持它的历史名城的形象。除了浪漫的贡多拉船，威尼斯还将其本身发展成了欧洲时尚界的中心。不管是在文化方面，还是在建筑方面，威尼斯都比以往更多元化，并展示出一种全新的、纯粹的设计风范，在这种情况下，水当然充当一个不可或缺的角色。

位于屋顶通风处的水路

意大利设计师丹尼尔·莫德里尼(Daniela Moderini)、劳拉·萨皮里(Laura Zampieri)、依波力托·皮泽蒂(Ippolito Pizzetti)为我们展示了一幅美丽的环礁湖美景。屋顶平台被圈出来的这块空地为这三个设计师的设计三重奏提供一个新构思实施的舞台，这个新构思完美的诠释出了人与水相互依存的关系。设计师们在不同的层面都交叉铺设了木质几何板块，并将整个空间用突出隆起的竹子围起来。当然，也必不可少地设计了一条水道，并在上面建一座小桥梁。通过材料的革新运用，以及新颖的造型设计，使之成了威尼斯现代风格的完美典范，在风格上也与这个历史名城保持了密切的联系。

设计：丹尼尔·莫德里尼、劳拉·萨皮里、依波力托·皮泽蒂

摄影：玛丽安娜·玛耶鲁斯

地点：意人利威尼斯

使用分析

如果有谁在设计庭园的时候，因为庭园面积不够大而不能进行复杂多样的设计，那么他就必须清楚地了解在庭园中有哪些地方可供使用。庭园的使用要求对业主来说都是不同的，因此应该对其进行彻底地研究。充分考虑每一位家庭成员的要求，一直以来都是迈向幸福的庭园生活的第一步。庭园设计风格多样，只有做好前期准备，并且在考虑个人爱好时兼具长远的眼光，才能长期保持庭园的舒适性。

游泳池的天堂

设计游泳池的热潮在过去的几年里又重新出现在人们的生活中。对于游泳爱好者和热爱泡澡的人来说，设计一个私人游泳池是最好不过的。即使是很小的一块地，也可以设计成一个远离公共泳池喧嚣的私人运动场所。对于热爱游泳、同时对庭园设计没太多要求的人而言，利用泳池填满整个空间，使人感觉犹如置身于度假胜地的奢华设计，绝对称得上是精妙绝伦。

通过对使用功能的分析，就能设计成一个完美和谐的庭园。只要有完美的计划和顺利实施，这一切并不难以实现。这个成功的泳池庭园范例是由英国著名的设计师琳·马库斯(Lynne Marcus)所设计的。她将她简单的设计风格比喻为一座桥梁，连接着优雅朴素的几何造型和自然的素材。走进她设计的庭园，仿佛走进一幅画中，这种庭园的环境，也肯定要和庭园主人的需求相一致。

这一池诱人的清凉之水，占据了琳·马库斯泳池设计里最大的一块地方。所以这个泳池不仅适合人们在水里嬉戏游玩，同样也可以作为一个运动场所。毗邻的桑拿房位于热带树木地板上，不仅不会受到风雨的影响，而且从桑拿房还可以直接步入泳池之中。台阶作为整个泳池的缺口，使这种大气宏观的设计以一种优雅的方式缓和下来。

庭园四周种植着大量高大的竹子，极好的保障了庭园的私密性。除此之外，琳·马库斯还设计了一面造型优美的深色砖墙，人们只要走进这个庭园，马上就会被它吸引。设计这个庭园不仅需要考虑安全性，更考验设计师的设计技巧。为了与这面墙的色调互相搭配，设计师还在这里放置了一些植物，植物的底座设计成方形，这也给整个庭园增添了一些必要的韵律感和随和感。

设计师：琳·马库斯

摄影：玛丽安娜·玛耶鲁斯

地点：英国伦敦

在法兴这家的庭园里，有力地证明了通过最理
想的材料选择和空间划分，能够设计出最精妙
绝伦的游泳池。

泳池或者水池

所谓的潮流主题"游泳池"对我来说具有特别的意义。有关庭园的杂志、书籍、电视节目，都在盛赞介于泳池和水池两者之间的跨界设计（Cross-over）。一处位于庭园中的"自然"游泳区域，它没有用到任何必要的化学物质，它的水质只能通过过滤系统和水草来保证，这样听起来，确实很独特。

自然过滤的游泳池

酷热的夏天里，跳进一池清凉的池水无外乎是一种奔放奇妙的大自然探险。如果有谁曾经跳进清澈的山顶湖水里，或者曾经把脚泡在清凉的海水里，那么他就会觉得，这种美妙的感觉，往往不是带着含氯消毒剂的游泳池水可以比拟的。对于游泳爱好者来说，如果没有住在海边或者湖边，或者因为过敏而不能去传统的游泳池，那么 个自然过滤的游泳池无疑是最好的选择。这种情况，我很乐意把它归入小型庭园设计里，不过想对所有业主们说的是，这种自然过滤的游泳池需要昂贵的保养费用，说实在的，我更觉得这种设计没有多大必要性。

花费、使用、结算

在我的内心一直拥有两种不同的人格，既是一个专业的园林美学家，同时也是一个游泳爱好者。水在庭园中有各种各样的功能，那么我该建的是水池还是泳池呢？出于艺术创作的原因，在我曾经的庭园里根本没有预留这样一块地方来设计

一个庭园水池或者一个运动型的泳池。当然，当时我也考虑过建一个游泳池，不过这种想法不久就被否决了，因为我没法生活在一个空想的庭园里，也不乐意在动植物共存的泳池里畅游。所以我还是继续到公共泳池里游泳，不过当时我还是很高兴，因为我有一个精致的庭园水池，它以最佳的方式嵌入到整个设计中，人们还能在它上面的木板小桥上轻松愉悦地享受庭园时光。而我如今的庭园给我提供了这样一种可能，就是能够同时将一个足够宽敞的游泳池和一个极具自然气息的水池合为一体。每当闲暇的时候，跳进以传统方式清理过的游泳池畅游一番，或者无忧无虑地在小道上散步，都会让我觉得拥有这样一个水池是无比幸福的，即便每年有一小段时间不能使用这个无法供暖的游泳池，虽然这个泳池占据了庭园大部分空间，并且我需要为这个泳池付出高额的清洁费。而这种自然过滤的游泳池由于它高昂的建造费和保养费已经上升为一种标志性建筑让人望而却步，然而通过不断的挖掘，它肯定还会具备更多作用。

名称: 法兴家的花园

设计: 福克斯花园建筑有限公司

摄影: 尤根·贝克尔

心点. 德田基费尔斯费尔登

时尚而经典的巴洛克式庭园

在明斯特(Münsterland)的西南地区,庭园的狂热爱好者贝贝尔·克鲁格和伯恩哈特·克鲁格(Barber und Bernhard Krug),成功地在短时间内将他们的庭园重新翻新一遍,并注入了新的血液。经过对这个八十年代巴洛克式庄园住宅的彻底翻新之后,建筑师专家哈罗德·戴尔曼(Harald Deilmann)还为这个2 800平方米的庭园制定了一个新的设计方案。哈罗德·戴尔曼将庭园变成卓越设计风格的一个映照,同时将每一个庭园空间都合并成了一个宽敞的整体。

倒退式设计的格调

与其他庭园元素不同,美观和品质在带有小庭园的房子里显得特别重要。但因涉及施工的问题,所以整栋建筑包括房子和庭园在内的造型和规格可以说对这两个元素起到了决定性的作用。一直以来,房子的规格与庭园的特点都决定着庭园式住宅该如何合适地进行改变。

在克鲁格家充满格调的小庭园里,我们可以找到将美观和品质成功地合为一体的优秀范例。这两位迪尔门(Dülmen)人不惧艰辛寻找既遗世独立而又高雅的庭园建筑,终于在英格兰找到一座1874年建成的经典的花园式住宅。这种透光、通风的木质结构所营造出来的氛围会吸引人们为它驻足停留,奢华昂贵的落地玻璃窗完美地镶嵌在克鲁格的庭园里,与整个被树木划分成若干部分的庭园和谐地融合在一起。

虽然这个风景如画的庭园只是外部建筑中的一部分,但是它还是能以一种完美无缺的方式成为一个小型庭园的优秀范例。

郁郁葱葱的法国梧桐(*Platanus × hispanica*)、圈出边界的矮树篱,以及紧接着的绣球花(*Hydrangea arborescens* 'Annabelle')之间完美的结合,为整个庭园营造出了平和的气氛。通过简化植物的色调,采用合适的材料,这个由黄砾石包围着的庭园看起来毫无违和之感,反而让人觉得既宽敞又亲切。

这个成功的设计散发着朝气蓬勃的生活气息,不管是想在庭园里安静地读一会书,抑或彻底地放松身心,还是纯粹地做一下美梦,这里都是一个绝佳的选择。

设计: 贝贝尔·克鲁格、伯恩哈特·克鲁格德国

摄影: 尤根·贝克尔

地点: 德国

深思熟虑后所设计的坐台

屋顶最重要的功能就是防雨和阻挡烈日的暴晒。人们在屋顶庭园里，毫无疑问会受到各种天气的影响，所以在很早以前的庭园文化里，就已经有这种特殊的解决方案了。在庭园式住宅和暖房庭园里人们可以很好地避免遭受突如其来的大雨、刺骨的寒风或者毒辣的阳光。但这种包围式的密闭空间会让人们有一种远离庭园的感觉。相反地，另外一种带有开阔视野的庭园建筑，例如柱廊或者凉亭，有望能够实现与整个庭园的和谐统一，即便它时不时在穿堂风的影响下让人感觉有点冷。

作为风格元素的凉亭

偶遇晴好天气，独坐凉亭，不禁让人有偷得浮生半日闲的感慨。凉亭本身不仅具有舒适感，同时也能给人以安全感。因此，凉亭往往能成为庭园中最受喜爱的角落。凉亭的设计创意十分朴素，最多只需要三根柱子来支撑凉亭的顶部，因此各种形状以及大小的庭园凉亭人们都可以设想出来，通过后期各种材料的运用及独特的加工，最终的成果肯定是夺人眼球的。相比较同种式样制造出来的木质建筑，凉亭设计即便使用同样的设计草图、同样的大小、同样精密的造型，最终也会形成风格迥异的成品。

对于设计师来说，花样繁多的设计方案他们还是可以接受的。将一个凉亭神秘地融合进一个大型庭园或者公园的建筑里，将它置于远离喧嚣的安静角落，它会使得所处的风景如画般美丽，而把它放置于一个小型庭园里却远远没有这种效果。

在这里，凉亭会直接进入人们的视野，如同庭园中其他任何一个领域一样，不可避免地强调出它的存在，所以在考虑它的安放位置时，必须使之与整个画面相协调。

在图中所展示的私人庭园，比利时的庭园建筑师扬·施文博尔格严格地遵循这种凉亭设计规则。在这个剧院背景般华丽的庭园里，他创造出了一幅古典与现代相结合的庭园美景。扬·施文博尔格完美诠释了这个极具历史感的凉亭，这个堪称艺术品的凉亭不只是单纯地复制，更通过现代的展示手法，使之更为精致，让人们在看到它时精神为之一振。

名称：佩尔辛家的花园

设计：扬·施文博尔格

摄影：尤根·贝克尔

地点：比利时

装饰的乐趣

极具艺术鉴赏力的花卉栽培家乔斯·罗伊顿（Josje Reuten）居住并工作在美丽如画的马斯特里斯特(Maastricht)的中部地区。这位创意十足的艺术家把坐台设计在紧接着房子的地方，以便于她随时能对坐台进行一些小修改。所以她对她的奇思妙想进行试验时不用支付昂贵的费用，也可以随心所欲地尝试不同的设计风格。

展览橱窗设计规则

展览橱窗最终所呈现出来的效果，并不只是由展示出来的商品所决定，更取决于橱窗的质量。也就是说，一个透光好、有格调的玻璃展示柜，可以让一切看起来更奢华。

造型和内容之间互相影响，这条规则几乎从史前时代开始就伴随着建筑师和艺术家们，毫无例外，在庭园设计中也存在这条规则。较为特殊的是，当人们想要改变他们庭园的外观，或者满足对不同装饰的热情之时，他们最重要的任务就是必须确定好整个画面的框架。

乔斯·罗伊顿采用保守的古典材料，有计划地为其住宅规划出了一块迷人的户外空间。庭园内铺设着经典的铺石路面，建造了与房子相协调的而又具备高度差的砖墙。乔斯·罗伊顿仔细挑选出很多造型简单的矮树篱装饰着整个庭园。通过比例和谐的区域划分和优雅的造型设计，这位荷兰的花卉栽培家成功地创造出一个完美的私人橱窗。砖墙和矮树篱形成的视觉效果，通过浅绿色的树冠又得到进一步的加强，营造出一种舒适、私密的庭园氛围。

春暖花开之时，花卉栽培专家在其小天地里放置了大量的花盆，花盆里种植的郁金香、水仙花、葡萄、风信子无不在诉说着春天的来临。各种各样的陶罐植物，也在这里尽情地享受着春天和煦的阳光与清新的空气。

热情洋溢的设计师同样也将插花艺术作为庭园设计不可或缺的一部分。也许观赏者会诧异于在这个小坐台上，为何每一次都能展现出不同的花样。其实，这有赖于设计师预先规划好的庭园的结构，以及女主人的一双灵巧之手，才造就了这样一番天堂美景。

设计：乔斯·罗伊顿

摄影：尤根·贝克尔

地点：荷兰

小型庭园里的平和氛围

一对伦敦夫妇在西班牙的格拉纳达城（Grenada）参观完阿罕布拉宫（Alhambra）后，对它产生了深深的迷恋之情，所以他们决定将这个宫殿建筑群的一部分搬到伦敦北部他们的庭园里。可是他们却意识到庭园可供使用的面积十分有限。要想让这个愿望得以实现并取得最佳效果，大胆地进行冒险对他们来说特别重要。

装饰与朴素之间的平衡

这对伦敦夫妇邀请了伦敦庭园设计师露西·索莫斯(Lucy Sommers)，作为他们这个独特庭园创意理念的计划与建设的专家。而这位设计师也成功地实现了他们的愿望，使之拥有了一个具有欧式风情的砖墙式庭园。在这个极具诱惑力的庭园内，将水、植物等经典的庭园元素和带有北欧城市花园紧凑几何空间划分的风格融合为一体。值得一提的是地面上数量众多的鹅卵石马赛克，赤脚走在这些已经磨平了棱角的石头上会让人觉得十分舒服。这些小巧的珍宝能让这对夫妇在经历了一整天紧张的工作后，得到彻底的放松。

设计：露西·索莫斯

摄影：玛丽安娜·玛耶鲁斯

地点：英国伦敦

另类小庭园

二十世纪二十年代，盖伍莱康（Gabriel Guevrekian）就已经在法国南部的诺瓦耶（Noailles）别墅里设计出了一个立体式庭园，向人们展示了小型庭园里也能够拥有大气宏观的全貌。查尔斯·诺瓦耶和玛利亚·诺瓦耶（Charles und Marie-Laure de Noailles）找到了一位顶尖的庭园设计师对其庭园进行规划设计，他就是深受布拉格和毕加索立体主义所影响的盖伍莱康。这个美国人1900年出生在君士坦丁堡（今伊斯坦布尔），在当时他是个世界顶级的（庭园）建筑师，成功地建造出了与那个时代庭园设计风格相矛盾的庭园艺术珍品——诺瓦耶庭园。诺瓦耶庭园作为庭园设计的金牌范例说明了小型庭园也可以十分出色。

倘若想成功地规划出一个精彩的庭园，那么设计师必须具备坚持不懈的毅力、开阔的思维和自由的想象力。只有坚定地遵从内心的想法，果断地实施庭园规划方案，才能以其灵动的设计手笔于有限的空间创造出无限的庭园风光。

设计：盖伍莱康

摄影：玛丽安娜·玛耶鲁斯

地点：法国耶尔

人们很难发现这个以黄杨树篱为起点的庭园有
何特别之处，是因为追求秩序的双眼极易落入
几何的窠臼。

从心所欲

私家庭园里，喜欢什么就设计什么。而很多时候我们都会被当下流行的庭园设计理念所影响。庭园是一个极其复杂、集人类创意的自然艺术品，它能够从各个方面反映庭园主人的性格特征。庭园业主或者设计师要能排除一切外界因素的影响，专注于自身的设计，才能创造出最完美、和谐的庭园。

在进行庭园设计之时，从心所想，从心所愿，做好准备，坚定不移地实现自己的创意和极具个性的构思，那么一座无与伦比的庭园的出现便指日可待了。

独特的风格灵感

每个人都有自己独特的感受与喜好，当人们完全遵循内心的想法设计出久经考验的作品之时，仍然可以在不同的风格领域得到认同。

谁曾成功地从艺术设计公约的束缚中解脱出来，那么谁就能随心所欲地将其庭园设计成反映自己内心需求的个人空间。图中所示庭园就是一个超越束缚，极具个性的优秀范例。在这个狭长的空间里，由两层矮树篱组合而成的庭园边界似乎向远方不断地延伸着。乍一看，观赏者会不自觉地沉醉于一片通向远方的绿色之中。极目远眺，还会发现在蘑菇状的北美枫香（*Liquidambar styraciflua*）下隐藏着圆形坐台。被精心修剪过的锦熟黄杨（*Buxus sempervirens*）犹如一段杂乱的布匹，位于中间的是一条通向凉亭的弯曲小路。幺武岩铺成的路面带着平缓的波动，为这个造型独特的风景营造出一股闲暇散漫的氛围。或许，人们很难发现这个以黄杨树篱为起点的庭园有何特别之处，因为追求秩序的眼睛总会落入几何之窠臼，而看不到不规则的美妙之处。这种不可分割的造型设计，若不仔细品味，则难以领略到每一个角落散发出来的美。

设计：卡特琳·范迪伦多克

摄影：沃尔克·米歇尔

地点 比利时

宽而不深的庭园

书店里关于如何设计狭长型庭园的书可谓是琳琅满目。与之相反，却很少有关宽而不深的庭园设计，这样的设计对设计师来说才是极具挑战性的。

在法国和美国都曾进行过庭园设计的庭园魔术师菲利普·科特（Philippe Cottet），他在法国设计的庭园"La Chabaude"便是一个宽而不深的庭园，但他仍能变魔术般变出一幅华丽的庭园美景。设计师通过一个细长而狭窄的游泳池，拓宽了整个庭园的视觉效果。与之交界的地方，同样也是狭长的砾石地带，不仅为泳池提供了一条悠闲的入口通道，也强化了这条轴线在视觉上的延伸。延伸视觉效果的相似设计，人们也可以用一块草坪或者一条由种植着同种鲜花的花坛连接成轴线来代替，这样的设计不仅美观，而且经济。

由于庭园毗邻景色优美的鲁贝隆地区，故远处钢制建筑就成了泳池背景。除此之外，菲利普·科特还在庭园两边种植茂密的地中海树木来支撑他的整个设计，这样弱化了庭园的怪异之感，使之和谐雅致。

设计：菲利普·科特

摄影：克里夫·尼古拉斯

地点：法国普罗旺斯

英伦后院的意大利美景

很久以前，这个位于伦敦东区的后院还很繁华，这个四面高墙的小后院曾经还是一个小型的手工作坊。当这个建筑在八十年代变成一栋房子的一部分时，使得它有机会成为一片小绿洲。保尔·盖茨维泽（Paul Gazerwitz）和托马索·德尔·布欧诺（Tommaso del Buono）以其敏锐的视角，将从前的手工作坊打造成了一个经典的意式庭园。

旧结构，新外貌

第一步，先拆除这个60平方米的后院，这样人们才能挖掘出这片区域里有哪些类似砖墙的老式结构。此外，支撑着手工作坊屋顶的基础设施仍旧保存完好，"这里的钢梁不仅为我们讲述了这栋建筑的历史，也能作为坚实的支撑物"，保尔·盖茨维泽这么解释。

这个城市里的小型庭园接下来的设计十分简单，又具有很好的视觉效果。狭长水池上优雅的架着一座桥梁，将参观者直接引进后院，左手边是一个抬高的花坛，花坛里种植着形状优美的睡莲，花坛只是由简单的清水混凝土砌成，完美的呼应了这座建筑的历史。在宽阔的砾石地面上，放置着精心修剪过的黄杨灌木圆球，以及分隔了整个庭园的约克石平台。这样的设计并不奇怪，因为这种极具历史气息的平台的设计灵感便来源于手工作坊。

整座庭园的植被也是协调一致的，纯洁的白色和深浅不一的绿色共同奠定了空间的色彩基础。这种极简的色彩设计既简单又能产生良好的视觉效果，给观赏者留下深刻印象。和大多数后院环境一样，这里也会因高高的围墙而投射下一片阴影。所以选择的植物，必须能适应不同的光照条件。设计师在向阳的右边种植了一排与钢梁相间而立的地中海柏（*Cupressus sempervirens*），而在墙角下种植的是能在整个夏天浪漫绽放的加勒比飞蓬（*Erigeron karvinskianus*）。位于背阴面的花坛则混合填满了半灌木和木本植被，如繁茂的绣球花（*Hydrangea arborescens* 'Annabelle'）、白色的银莲花（*Anemone x hybrid* 'Honorine Jobert'）或者略显弧形的金钱麻（*Helexine soleirolii*）。

设计：保尔·盖茨维泽、鲁伯特·维勤、托马索·德尔·布欧诺

摄影：玛丽安娜·玛耶鲁斯

地点：英国伦敦

城市庭园

一想到城市庭园，人们首先想到的就是一幅现代、活泼的大都市美景。在玻璃与混凝土构成的大城市里，老式建筑风格与时代潮流相融合的例子并不少见，在这里，外部空间的抬高设计也彰显了设计之新意。

古典风格的景观

在布鲁日的中心城区坐落着一座风格迥异的城市庭园，庭园建筑师扬·施文博尔格(Jan Swimberghe)就居住于此。从高处鸟瞰，人们会看到一个实实在在圈起来的庭园。附近国立师范学院的新哥特式风格建筑，无论从哪个角度观赏庭园都能欣赏到它顶部三角形建筑。这对扬·施文博尔格巧用这个完美的背景来吸引人们的视线，展现一幅华丽的庭园美景。

这位比利时的艺术家巧妙的将庭园划分成彼此交错的四个区域。从居于高处的住宅看出去，设计师将观赏者的视线有目的地引向一个小型坐台，从坐台的造型与颜色可以清晰地体现出历史与景观之间的联系。坐台区仿照了文艺复兴时期的庭园设计，紧靠着的是一排修剪得极为整齐的黄杨树丛，营造出林荫小道一般的繁盛之象，也能够清晰地阐述庭园的空间结构，强调出庭园设计的丰富性。

尽管可供使用的地方极为有限，可是扬·施文博尔格仍旧以他出色的方式，设计出一个浪漫情调的庭园，让身处其中的人能眼前一亮。设计通过灌木丛来划分庭园的各个区域，虽然能有助于观赏者细致地观察，但是每个部分却无法融合成一个

整体。对此，他灵巧地在庭园更远处设计了一个白睡莲水池吸引参观者，或者在参观者进入庭园时直接将他们引向坐台，这样既能引起好奇又能带来乐趣。同时，这种单一空间的设计既能让庭园有不同的风格，也能让参观者惬意地穿梭其中。

这个城市庭园建筑我最喜欢的一点是，扬·施文博尔格能将已经固定好的庭园布局和当今的建筑风格融合起来，使每一处的设计融合而不显得陈旧。他在这里并不只是纯粹对老式建筑的复制，而是以一种现代方式将历史融入到设计中。

设计：扬·施文博尔格

摄影：尤根·贝克尔

地点：比利时布鲁日

从黑暗后院到明亮绿洲

在设计小型庭园时最常犯的错误就是选择了不合适的植物。在本案中,原本窄小狭隘的庭园随着时间的推移变得越来越小,最终发展成一个令人窒息、黑暗的热带雨林。在伦敦设计师夏洛特·罗韦(Charlotte Rowe)经手这个位于伦敦肯辛顿地区的庭园之前,这里仿若就是一个幽闭的原始森林。

繁重的废品清除

当夏洛特·罗韦第一次走进这个庭园时,这里可谓是杂草丛生,各种奇奇怪怪的杂草几乎占领了整个庭园。放置着两块木板的比例失衡的地面上,是整个庭园中唯一的一块空地。这个庭园,完全是优雅明亮、充满格调的摄政时期(Regency Stil)庭园风格的反面教材。来自南欧的主人希望这个庭园不仅能作为其极具艺术气质的雅致之居的延伸,更希望这个庭园能带有一股地中海的阳光气息。

要想得到这样一个和谐的效果,设计师决定,第一步就要将整个庭园全部拆除。接下来她移除了不同平面之间不协调的部分,将高处突出的地方缩小,从而保障庭园内能有一个宽敞通风的小阳台。为了使庭园与住宅内部设计相呼应,夏洛特·罗韦将葡萄牙大理石作为表层材料铺在加固的地面上。

最重要的主体元素是两个平面之间那条造价昂贵的过道,它同时又是一个清水不断流动的水池,里面填满了打磨过的黑色鹅卵石。通过立方体的石头台阶人们就能够到达庭园后半部分的平台。早先那里只是一片深色的灌木丛,如今则是分隔开的、充满阳光的午间休息场所。最下层平台上的狭长景观带,由黑色鹅卵石和苔藓类的植物组合而成,它贯穿整个庭园,并将庭园的两个部分完美地连接在一起。

这个庭园经过彻底的翻新后展现出一幅明亮繁荣的画面,让参观者仿佛置身于地中海的绿洲中,享受清新的空气和明媚的阳光。夏洛特·罗韦的外部植物简化设计以及坚定不移地使用大自然素材,让这个庭园在一个小型后院里也呈现出南部绿洲独有的景色。

设计: 夏洛特·罗韦

摄影: 克里夫·尼古拉斯

地点: 英国伦敦

通道设计

在设计小型庭园、屋顶庭园或者内院时，都要分析哪些地方可供某些意料之外的设计而使用。虽然庭园有些地方看起来似乎毫无用处，也不直接属于庭园的一部分，例如走廊、前庭这些只有几平方米的地方，但是仍然有人将目光集中在这里，想在这里设计一些亮点。因为在小型庭园里，每一小块地方都很宝贵，所以需要仔细分析，这些"剩余物资"能够为庭园带来哪些使用功能和价值。如果能将两三块剩余空间和邻近的建筑融合起来，则可能会产生意想不到的使用效果。

通往目的地道路

在一座大城市建筑的屋顶上，伦敦设计师卡莱尔·梅（Claire Mee）规划出了一个出色的屋顶庭园。屋顶庭园由包括若干层面组成，顺着庭园主通道一直向上则是一个平台。

卡莱尔·梅的设计不但没有还原空间的原本面貌，而是将所有可以使用的外围空间都融入设计之中，如通往庭园的路也被她纳入了整个庭园的一部分。卡莱尔·梅在这里设计的是一个造型朴素的庭园，然而即便造型简化，突显出来的效果却是最大的。她通过一个具有指向性的木质平台将参观者引向庭园，平台的中轴是一条发光的乳白色玻璃带。在地面上运用这种效果明显的素材不仅能强调设计的痕迹，还能为参观者清晰地指明道路。

种植在耐候钢花盆里的黄杨灌木圆球，静立于通道，观赏者置身其中仿佛穿越了一条长长的柱廊。在入口处，卡莱尔·梅放置了两盆种植健康活泼的粗枝黄杨树的植物盆栽。

这样设计的一个庭园前庭，不再只是一条纯粹的通道，它以它绝无仅有的美学价值来彰显着整个庭园之美。设计师在这里创造性地构建了一个如同接待大厅般的序言设计，不仅提高了人们对庭园本身的期待，也赋予了前庭使用价值。受当地的太阳高度的影响，无法得到很好利用的地方也可以创造出一个设计精美的通道。只要仔细观察，就会发现在很多建筑中都会有相类似的空地，让我们等待这些睡美人被温柔的吻所唤醒吧。

设计：卡莱尔·梅

摄影：玛丽安娜·玛耶鲁斯

地点：英国伦敦

在伦敦市中心的贝尔维亚地区，英国明星设计师詹姆斯·阿尔德里奇展示了他关于内部设计与外部设计的新创意。尽管只是单纯的盆栽植物，但仍然有丰富的视觉效果。

纯粹的盆景庭园

有时人们虽然能找到一个合适的地方来设计庭园，却会发现这块地方本身的性质并不适合栽种植物。当没有合适的土壤可供使用时，设计师剩下的选择，只能是简化一切，将植物种植在各种容器里。图中所示的精彩的内院设计，将向我们展示该如何既有创意同时又融洽和谐地建造一个高质量的盆景庭园。

完美的设计草图

闻名英国内外的庭园设计师詹姆斯·阿尔德里奇（James Aldridge）在伦敦市中心的贝尔维亚地区（Belgravia）设计了一个精致的庭园。庭园四周被高大的深色砖墙围合着，在整个空间里可供构建庭园的地方仅有几平方米。

首先，设计师在地面铺上了一层银灰色的风化木质地板，并在整个砖墙上刷了一层同一个色调的暖灰色涂料，通过视觉上的统一实现了基本环境的和谐，尽管整体空间看起来并不明亮、活泼，但是却予人一种无限的空间感。

通过一座小小的桥梁就可以直达庭园，因桥梁之下是唯一一处可以种植传统地面植物的地方。詹姆斯·阿尔德里奇在桥梁之下种满了茂盛的绿色植物，参观者仿佛要走过一段热带的吊索桥才能到达庭园。这位来自伦敦的庭园设计师通过这种独特方式，为整个庭园增添了一股生机与活力。

内部设计、外部设计

为了尽可能地营造和谐的空间氛围，詹姆斯·阿尔德里奇在庭园里种植了枝繁叶茂的桦树（*Betula utilis* var. *jacquemontii*），桦树被种植于浅灰色正方体耐候钢罐里。桦树纤细的枝干以及嫩绿色的叶子让庭园洋溢着一股活力，打破了围墙所造成的压抑感。其他的植物也都全部种植于花盆里。詹姆斯·阿尔德里奇有意识地将这里与传统的室内空间植物设计相联系。所有的植物都放置在浅色的、较高的花盆里，看到它们马上就能联系到室内的设计。家具的选择与室内设计相符，通过家具与花盆的结合，整个画面让人犹如置身于安详的卧室里，更远处墙上的浮雕更是强化了这种效果。

如同在室内一样，这里也有足够多的空间进行装饰试验。不过这一排看起来很单薄的花是否能够长期保持装饰效果，我对此仍旧持一种怀疑的态度。

设计：詹姆斯·阿尔德里奇

摄影：安德鲁·罗森特

地点：英国伦敦

垂直花园

庭园中，花卉一般被种植于地面的花坛之中，但偶尔也会出现在屋顶或者墙头，不过，花坛一定要放置于水平之处吗？

帕特里克·布兰克斯（Patrick Blancs）的种植创意

法国植物学家帕特里克·布兰克斯花费了19年的时间研究植物之间在不同自然环境中的关系，经过这些年的研究他得出了结论：在大自然中存在大量茂密植物，他们能够神奇地融合在一起垂直生长，而让人惊奇的是，他们在地面上没有任何根基也能够成长得郁郁葱葱。此后，他不断地在他的植物墙上验证他的结论，并于1988年将他的突破性创意带到了在法国肖蒙（chaumont sur loire）举办的庭园展上。如今他被视为新型庭园设计的开拓者，他的垂直花园设计可以适用内部建筑设计或者外墙设计，如今几乎在每个国际大都市里都可以看到。帕特里克·布兰克斯的研究表明，这些植物不需要任何土壤，也不需要人们挖空心思为他们的正常生长提供养料和水分，他成功地做到在每个地方都能设计一个精妙绝伦的垂直花园。虽然这个如同塞米勒米斯（Semiramis亚述女王）一样庄严典雅的设计理念已经不知不觉地标上他的名字，但是如今很多改革创新派的庭园设计师，他们设计的垂直花园作品也如雨后春笋般冒出来，所以人们也得以在小型庭园里找到这样一面"绿色之墙"。

设计：伊安·德克斯特

摄影：玛丽安娜·玛耶鲁斯

地点：英国伦敦2009年切尔西花展

330

小巧、生态、经济

"绿色风尚"（Eco Chic）是在2009年伦敦切尔西花展（RHS Chelsea Flower Show 2009）上，由设计师凯特·高尔德（Kate Gould）所展出，并最终获得"最佳城市花园"殊荣。凯特·高尔德的设计以其对城市庭园的独特理解，以及生态与经济相结合的设计理念成功地赢得了严格的切尔西裁判的芳心。

废物利用的世外桃源

这位英国设计师经常在大城市里的高楼之间寻找一些不被利用的夹缝空间以实践其城市庭园设计理念，这也是本案设计的创意源头。尽管这块地方对大多数设计师来说都没有太大的发展空间，而她却觉得在这个极具挑战性的空间内可以大有所为。经过仔细观察，在庭园中挖掘出了许多可以设计利用的地方。不仅从中找到了很多荒凉、实用、被混凝土密封着的自由空间，还找到了很多可以用于实现她创意的材料。作为一个极具文艺气息的设计师，在无损美感的前提下，她还为这个设计融入了生态与经济两个元素，成功地设计出一个具有"绿色风尚"的城市小型庭园。

凯特·高尔德将这个窄小无用的空间转变成一个世外桃源。庭园里每一个空间的使用都经过了深思熟虑的设计，每一个设计细节都进行了反复地推敲。在这个纯粹的几何设计里，设计师以多种材料建构出多个不同的层面，带给参观者探索和发现的乐趣。人们可以在宽敞的坐台上休息逗留，也可以在这里举办一次小型聚会。在每一块可以种植花草的地方设计师都栽种了的茂密的、能投下阴影的植物，而中间

这一小块田园风光的设计却带有独特的几何造型。为了能让这块大型建筑之间的阴暗空地拥有完美设计，设计师选择的都是能长期在阴暗狭窄的地方生存的植物。对于稀疏的植物，它们的长势既不会在几年之内就打破整个庭园的框架，又能保证庭园的主人在这片世外桃源中能有足够的隐私空间。凯特·高尔德选择的植物能够爬满庭园的整面墙，通过一个可以移动的灌溉系统就能对它进行全方位的照料。渗透性材料的使用能够收集每一滴雨水以作他用，也就避免了任何浪费。

设计：凯特·高尔德

摄影：瑚加·安妮·马邦思斯

地点：英国伦敦2009年切尔西花展

新兴庭园的新生创意

一直以来我都在呼吁，庭园设计最重要的就是要让这个庭园能够反映主人的个性特征，只有这样才能让园主轻松自然的融入其中。但令人惊讶的是，如今很少有庭园使用低碳、环保而又花费较少的材料。长期以来无论是室内设计还是室外空间设计，都一直缺乏这一设计类型。

通过灵巧的设计彰显个性

设计一个卓越、独特的庭园，并不需要巨额的投资，最重要的就是要有合适的创意。全能手史蒂芬·伍德汉斯(*Stephen Woodhms*)位于伦敦的创意工厂将向我们展示，这样的庭园到底看起来该是什么样子。史蒂芬·伍德汉斯走的是艺术创作的道路，他用他的新生创意让人眼前为之一亮。他没有使用任何昂贵的花草或者高级的材料来设计这个极具创新性的庭园。这位颇受赞誉的设计明星将一个小型的伦敦式内院变成一个完整的艺术品，所用的只是各种材料的大杂烩以及明亮的色彩。种植在排水圈的山毛榉(*Fagus sylvatica*)被他设计为一面隐私保护墙，并在山毛榉的下方大胆地种上鲜艳的凤仙花(*Impatiens*)，在地面上用圆圈状的霓虹灯管发出紫罗兰色和橙色的亮光。茂密美人蕉(*Canna indica*)更是为这个设计独特的庭园增添了魔幻般的氛围。

设计：史蒂芬·伍德汉斯

摄影：克里夫·尼古拉斯

地点：英国伦敦

小型乡村别墅的妩媚

如今，随着社会经济的高速发展，在人们物质生活得到极大满足的同时，越来越渴望能回归自然，尽情享受"采菊东篱下"的悠然。其实，只要一个与之相应的庭园设计就能满足这些愿望。寻一块平地，种一些花草与果蔬，即便简单，却也恬然。如此雅致的庭园，是回归自然的极佳之地，更是简单生活态度的体现。

农田还是庭园

早期时候，在自己的庭园种植食物产品相当受欢迎，同时还能丰富自己每一天的菜单。如今大多数人已经不用担心，要在家里保证这些收成良好的农副产品的新鲜度，但在自己家的庭园获得一些收成仍旧一如既往地令人感到满足与充实。

当可供使用的地方只是一小块圈起来的土地时，关于种植蔬菜水果的主题设计就应该考虑一下几个问题：如何更好地进行区域划分，才能描绘出一幅引人入胜的画面？哪些视觉上的设计能让这个乡村庭园所代表的住宅内部设计与周围的环境连接起来？该如何设计庭园，才能让它不仅硕果累累，而且能够长时间保持它的迷人魅力？

与其他庭园一样，这个时尚的果蔬庭园最先的规划是：比例均匀地划分这块土地。这就是说，整个庭园应该由造型设计、材料选择以及地面划分三者和谐组合而成。只有当庭园的土地划分均匀，小路、坐台和花坛三者联系紧密，才能使这个使用型庭园成为一个可供休养、引人入胜的空间。

由英国设计公司德尔·布欧诺·盖茨维泽（Del Buono Gazerwitz）所设计的果蔬花园向人们展示了这种类型的庭园该如何让它显得完美雅致。德尔·布欧诺·盖茨维泽虽然将庭园的划分定向为传统的几何划分，然而整个画面却被他们阐述得极富现代感，并且创造出一个既实用又和谐的庭园。种植的蔬菜与香草，与相对应的花坛彼此形成一段富有节奏的二重奏。这种方法不仅能展现很多园艺性的优点，还能显得特别和谐统一。柳条编织而成的花盆带有一股乡村气息，与整个庭园的设计十分相符。天然石头铺成的小路方便人们行走其间，清晰地向人们阐述它时尚潮流的一面。模仿英式的乡村庭园，这儿的花坛里种植的植物是使用性植物和装饰性植物的混合体。最终这个成功的作品不仅是一个丰收的成果，而且是一个能赢得人们芳心的尤物。

名称：戴尔斯福特有机庭园

设计：德尔·布欧诺·盖茨维泽设计公司

摄影：克里夫·尼古拉斯

地点：英国伦敦 2008年切尔西花展

336

乡村庭园

乡村庭园或者农庄庭园最开始所产出的作物只有水果和蔬菜，花卉在这里只是充当一个无关紧要的角色。人们虽然喜欢在卷心菜和香草中间种上鲜花，通过它们的花香祛除一部分害虫，由于鲜花生长过于茂盛，过不了多久人们就必须寻找更多的空间供花卉生长。

因为这种产物庭园经常要通过矮树篱和几何型的花坛来维持它的形状，所以就形成一种独一无二的混合风格。在这里花卉的生长速度也很快，尽管如此，种植的却不是那些娇弱、花型巨大的杂交花朵或者移植过来带有异国风情的新品种，而是自然、能散发出秀丽明媚的田园风光的鲜花。尽管这里已经很久没有种植过土豆或者甜菜了，但人们依旧称之为乡村庭园。

乡村美景中的乡村庭园

一个成功的庭园设计，离不开庭园所处的位置、设计风格和周围的环境。处理好三者之间的关系，要么能够形成一种鲜明的对照，要么能够形成一幅与庭园的周边环境相和谐的画面。庭园设计越是想简洁明了，就越应该重视设计时的全方位思考。

荷兰的庭园设计爱好者特林·齐格玛（Trijn Siegerma）在这个优秀范例里，向我们展示了一个乡村美景中的乡村庭园，设计师是如何做到使整个建筑与周边庭园和谐相融的呢。她特意用经典的乡村风格强调出靠近房子的小型庭园。茂密的黄杨树丛围成了一个田字格，并以裁剪过的球状灌木丛突出了中间的十字路口。在十字路口的中央还放置了一个精美的日晷，营造出浓厚的乡村氛围。

作为一个园林专家，特林·齐格玛懂得在她的花坛里应该种植茂密的、与花坛风格一致的混合型花草。所以她没有将庭园变成一个花卉博物馆，而是以轻松愉悦的设计手笔设计出一个不同类型花卉混合的乡村庭园。历史悠久的英伦玫瑰是这个庭园恒久不变的设计草图。最初的乡村庭园设计理念从根本上说是受到各种约束的，而特林·齐格玛却随心所欲地选择她所喜欢的造型及色调。小萝卜（*Knautia macedonica*）、地榆（*Sanguisorba*）或者灯盏花（*Erigeron*）都能持续种植一年，也能和谐地融合在一起。一年四季花坛都能展现不同的造型与色调，所以这个乡村绿洲永远不会成为荷兰庭园文化中一个无聊的小黑屋。

设计：特林·齐格玛

摄影：尤根·贝克尔

地点：荷兰

秘密庭园

很多庭园的业主都梦想着有一小块可以自己命名的秘密之地,并能回避别人好奇的眼光。这种在庭园中特意圈起来的、完全隐藏的与外界隔离的私密之地,人们称之为"秘密庭园"。在几百年前的英伦岛上,人们就已经意识到这种位于外部空间的秘密之地所具有的各种好处。庭园的主人既可隐居于此,远离忙碌的生活,又可以给客人提供一个完全私人的聊天空间。

小庭园里的壮观设计

大小不一的庭园都存在一种潜藏的可能,可以明确地作为一个私人空间。有时候这块地的性质和所处位置,会为这个秘密之地提供更多可供设计的范围。在这个来自比利时的华美设计里,其中的庭园就直接与乌珀河(die Wupper)毗邻。潺潺流动的水接壤着远方绿色的草地,这样一幅富有情调的河岸风景图作为这块小坐台的背景使人们沉醉其中。进入这个地方的通道被有意限制得十分狭窄,通过茂密的玫瑰丛和黄杨树篱进入通道,此外,两根简单的石柱如同守门员一样守卫着进入坐台的入口。综上所述就产生了一个独一无二的庭园房间,这里没有任何窥视,只有可眺望的无尽的美妙风景。

设计:海德罗斯·比尔肯斯托克

摄影:尤根·贝克尔

附录

景观建筑师、园林设计师以及园林景观建筑公司通讯地址

鲍勃·卡斯诺伊夫、多米尼克·克里斯提安斯　比利时代斯特尔贝亨佛兰德大区13号Otium bvba丨T 0032477/7772222丨www.otium.be

布罗卡特·R&Zn bvba, 布罗卡特庭园　比利时鲁瑟拉勒哈格多伦1号丨T 003251 17/48518丨www.orbitio.com/brouckaert

菲利普·凡·达蒙, 园林建筑　比利时科特赖克根特大街37号丨T 0032478/825353丨www.filipvandamme.be

麦克·德雷斯, 庭园景观设计　德国汉堡博林达姆35号丨T 040/32527260丨www.maikedreiss.de

户外庭园和开放空间规划 B·佛兰岑、S·洛伊芬、S·施皮特卡　格雷文布罗赫华瑟穆勒大街27号丨T 02181/4757690丨www.gartenplus.com

约瑟夫·格鲁特斯, 格鲁特斯有限公司　松斯贝克达森达勒街18号丨T 02838/91621丨www.gruetters-gruen.de

伯恩哈德·克莱姆, 汉塞尔有限公司　德累斯顿安姆哈恩路5号丨T 0351/2620701丨www.hansel.de

克莱尔·梅, 园林设计&建筑　英国富勒姆 哈博尔德大街132号丨T 004420/7385 8614丨www.clairemee.co.uk

萨拉·简·洛特维尔, 富健庭园　英国伦敦伊斯林顿笔架山21号丨T 004420/77004354丨www.gloriousgardendesign.co.uk

夏洛特·罗韦, 园林设计　英国伦敦布鲁克格林布莱斯路118号丨T 004420/76020660丨www.charlotterowe.com

曼努埃尔·绍尔, 景观建筑师　波恩-巴特戈德斯贝格莱茵大道72号丨T 0228/3681583丨www.terramanus.de

简·施文贝格赫, 景观建筑师　比利时布鲁赫圣卡拉街41号丨T 003250/332649

斯汀·费尔哈勒, 户外景观　比利时赖瑟莱德蒂尔特大街94号丨T 0032477/765445丨www.exterior.be

乔·威廉斯、扬·凡·奥普斯达尔, 园林设计　荷兰马斯特里赫特费尔德街12号a丨T 003143/4084800丨www.heerenhof.nl

社团与组织

花园文化促进协会 德国柏林–达勒姆阿尔登斯坦街 15a I T 030–8322090 17 I www.gartengesellschaft.de
黑麦草灌木培养及品种发展协会 I www.perenne.de
皇家园林协会（RHS） 英国伦敦文森特广场80号 I T 0044/8452605000 I www.rhs.org.uk
园林建筑中央社团联邦德国灌木园艺师协会 德国伯恩高德思贝尔格大道142–148 I T 0228/8100255 I www.stauden.de
灌木之友协会 GdS办事处 德国埃腾海姆新贝格街 11号 I T 07822/861834 I www.gds-staudenfreunde.de
各联邦州的园艺协会

园艺作品与植物

霍特福斯灌木园 彼特·扬克 I 希尔登霍赫达勒街350 I T 02103/360508 I www.hortvs.de
格德·阿尔德苗圃 荷兰比尔弗利特卡匹塔棱丹7号 I T 0031/1154 02301 I www.kwekerij-ingoedeaarde.nl
贝斯夏托花园有限公司 英格兰科尔切斯特艾斯戴德市场 I T 0044/1206822007 I www.bethchatto.co.uk
艾斯伍德园圃 英格兰西米德兰金斯温福德格林斯福尔格 I T 0044/138440 1996 I www.ashwood-nurseries.co.uk
德·黑森霍夫 汉斯·克拉默 I 荷兰埃德黑森街 41号 I T 0031/318617334 I www.hessenhof@planet.nl
格希尔德·迪阿曼特灌木园 杜伊斯堡卢默–卡尔登豪森穆勒街39号 I T 02151/419676 I www.stauden-diamant.de
安雅·恩·皮埃特·奥多夫苗圃 荷兰许默洛布鲁克斯特拉特17号 I T 0031/314381120 I www.oudolf.com
冯·齐普林伯爵夫人灌木园 舒尔茨堡–劳分维恩街2号 I T 07634/69716 I www.graefin-v-zeppelin.de

感谢

高要求的庭园规划是稀有的，极具创造性的小型庭园设计更是难能可贵，想要发现它们就如同大海捞针般艰难。在我看来，最值得敬重的莫过于摄影师尤根·贝克尔、玛丽安·玛耶鲁斯以及费迪南德·格拉夫·卢克奈尔，他们不辞辛劳地穿梭于迷人的比利时、英国、荷兰和德国，历尽千辛万苦来寻找这些美丽的庭园。当然，他们也有着相当高的鉴别能力和敏锐的审美能力，能轻而易举地捕捉到庭园最美的时刻。而且他们也有着非同寻常的毅力，特别是当他们需要一些阳光灿烂的图片却又烟雨朦胧时。

想要建成一个高质量的庭园需要大量的人手、复杂的流程以及出乎意料的长时间。业主委托庭园设计师进行设计，而设计师就会完成一个令人屏息的设计草图，然后直观地展示给业主以及家人看，最后再将这个景观设计公司的草图变为现实，并保持当中的一致性与权威性。如果情况允许，也会包括庭园维护这一项。他们所有人都对本书做出了决定性的贡献。

我在这里向所有为这些庭园作出努力以及为本书的成功做出推动的人们表示衷心感谢。特别感谢大力支持本书出版的贝克尔·霍埃斯特人民出版社。此外，还要感谢约翰娜·黑尼兴，感谢她的热心工作，感谢她对庭园毫无保留的分析、精准的选图以及清晰的总体结构。

乌尔里希·添/ **ULRICH TIMM**